图解

液晶电视机

维修一本通

张新德 等 编著

U0256078

化学工业出版社

·北京·

内 容 简 介

本书采用彩色图解的方式，全面系统地介绍了液晶电视的维修技能及案例，主要内容包括液晶电视的结构原理、维修工具、维修方法和技能以及液晶电视的故障维修实例和维护保养等内容，最后给出液晶电视的选购及维保技术资料供读者参考。

本书内容遵循从零基础到技能提高的梯级学习模式，注重基础知识与维修实践相结合，彩色图解重点突出，并对重要的知识和技能附视频讲解，以提高学习效率，达到学以致用、举一反三的目的。

本书适合液晶电视维修人员及职业学校、培训学校师生学习使用。

图书在版编目（CIP）数据

图解液晶电视机维修一本通/张新德等编著. —北京：化学工业出版社，2021.11（2025.2 重印）
ISBN 978-7-122-39834-5

Ⅰ.①图… Ⅱ.①张… Ⅲ.①液晶电视机-维修-图解 Ⅳ.①TN949.192-64

中国版本图书馆CIP数据核字（2021）第175061号

责任编辑：徐卿华　李军亮　　　　　　　　　　文字编辑：陈　喆
责任校对：张雨彤　　　　　　　　　　　　　　装帧设计：关　飞

出版发行：化学工业出版社（北京市东城区青年湖南街13号　邮政编码100011）
印　　装：天津裕同印刷有限公司
710mm×1000mm　1/16　印张12¾　字数252千字　2025年2月北京第1版第5次印刷

购书咨询：010-64518888　　　　　　　　　　售后服务：010-64518899
网　　址：http://www.cip.com.cn
凡购买本书，如有缺损质量问题，本社销售中心负责调换。

定　　价：58.00元

前言

　　目前，液晶电视已进入千家万户，液晶电视量多面广，其维修、保养的工作量相对比较大，需要大量维修和保养人员掌握熟练维修技术。为此，我们组织编写了本书，以满足广大液晶电视维保人员的需要。希望本书的出版，能够为液晶电视的维修保养技术人员、液晶电视企业的内培人员和售后维保人员提供帮助。

　　全书采用彩色图解和实物操作演练视频的形式（书中插入了关键维修操作的小视频，扫描书中二维码可以直接在手机上观看），给读者提供一个便捷的学习方式，使读者通过学习本书快速掌握液晶电视维修和保养的知识和技能。

　　在内容的安排上，首先介绍液晶电视的结构组成，重点介绍液晶电视的维修技能，内容全面系统，注重维修演练，重点突出，形式新颖，图文并茂，配合视频讲解，使读者的学习体验更好，方便学后进行实修和保养操作。

　　本书所测数据，如未作特殊说明，均为采用MF47型指针式万用表和DT9205A型数字万用表测得。为方便读者查询对照，本书所用符号遵循厂家实物标注（各厂家标注不完全一样），不作国标统一。

　　本书由张新德等编著，刘淑华同志参加了部分内容的编写和文字录入工作，同时张利平、张云坤、张泽宁等在资料收集、实物拍摄、图片处理上提供了支持。

　　由于水平有限，书中疏漏之处在所难免，恳请读者批评指正。

编著者

目录

第一章

液晶电视 的 功能与结构

第一节 液晶电视的外观与功能

一、液晶电视的外观

液晶电视的英文缩写是LCD（Liquid Crystal Display，液晶显示器），它是与传统显像管电视区别开的一种电视，早期的液晶电视就称为LCD电视。由于液晶电视的不断发展，目前液晶电视的背光源不再采用早期的CCFL（冷阴极灯管）作为背光源，而是采用LED作为背光源。为了区别早期的CCFL液晶电视，采用LED背光源的液晶电视又称为LED液晶电视，早期的液晶电视称为LCD液晶电视，其实二者主要是背光源和分辨率不同。早期的LCD液晶电视分辨率大致是2K（1920×1080，相当于2000×1000，横向分辨率达到了2×1000，俗称2K）以下，而目前的LED液晶电视分辨率大多是4K（4096×2160，相当于4000×2000，横向分辨率达到了4×1000，俗称4K）。而且屏幕越做越大，不光有平面LED液晶电视（图1-1），还有曲面LED液晶电视（图1-2）。

> **提示** 几K的电视是按电视扫描的横向扫描线来区分的，几p的电视则是按电视扫描的纵向扫描线来区分的（又称视频显示格式），后期的主要有720p、1080p、2160p，最初的液晶电视物理分辨率为1280×720，实际上1K分辨率的电视，又称标清电视或720p电视（720是指电视的垂直扫描线为720左右，720p中的"p"是指逐行扫描方式，720i中的"i"是指隔行扫描方式），720p的电视称为标称电视。后来液晶电视物理分辨率达到了1920×1080，称为2K

电视，其垂直扫描线为1080，又称1080p电视，俗称高清电视，但1080p和1080i是相差较大的，一个是逐行扫描，另一个是隔行扫描。现在的液晶电视物理分辨率最小达到了3840×2160，称为4K电视，其垂直扫描线为2160，又称2160p电视，俗称超清电视。标清、高清和超清电视统称为高清电视（High Definition TV，简称HDTV）。还有超高清电视，也称8K（7680×4320）电视。

图1-1　平面LED液晶电视

图1-2　曲面LED液晶电视

随着LED液晶电视技术的不断发展，新的LED电视正在不断地进行技术创新和应用，例如继LED液晶电视之后，又出现了OLED（Organic Light-Emitting Diode，有机发光二极管）液晶电视，它的背光源采用有机发光二极管进行发光，也就是说有机材料直接发光，比LED更节能。图1-3所示为OLED屏与LCD、LED屏的区别；还有一种QLED（量子点背光源）液晶电视，这是液晶电视一个新的引导方向。

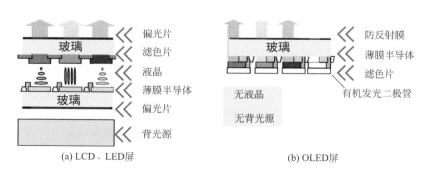

图1-3　OLED屏与LCD、LED屏的区别

二、液晶电视的功能

液晶电视除了播放图像和声音之外，还具有丰富的接口功能，也就是说具有丰富的对外接口的功能，可与多种电器联合工作，可为人们提供娱乐、工作和学习方面的视频显示和伴音播放功能。具体到不同的液晶电视，其提供的功能会有所不同。

（1）普通液晶电视　能连接有线电视信号或者连接电脑作为显示器，也可连接智能盒子作为网络电视。

（2）网络液晶电视　可连接有线网络和无线网络，没有内存不能下载网络资源和安装软件。有的可在线看一些电视节目和电影。

（3）智能液晶电视　智能电视有内存、CPU和GPU，跟手机差不多，能安装操作系统和应用软件，是目前市场上的主流液晶电视。智能电视是网络电视，但网络电视不一定是智能电视。

（4）3D液晶电视　分为眼镜3D电视和裸眼3D电视。眼镜3D电视是戴上专用的眼镜能看立体3D电影的液晶电视；裸眼3D电视是不用戴眼镜就能直接看3D电影的液晶电视，用户在家就可体验3D电影院的感觉。

新型液晶电视，其外部接口（图1-4）都比较丰富，可接驳天线、机顶盒、影碟机、功放机、电脑、手机、U盘、路由器等电器，有的液晶电视还可直接接话筒。

图1-4　液晶电视的外部接口

第二节　液晶电视的结构组成

　　液晶电视不像传统的CRT电视只有一块主板和尾板，其结构采用了模块化和板卡多块化。液晶电视通常由外壳、液晶屏、电源板、背光驱动板（现在大多数液晶电视已将电源板与背光板统一到一块板上组成了电源背光二合一板）、背光板、主板（含硬件和软件）、逻辑板、按键板、遥控接收板和遥控器、扬声器、接插件等组成（如图1-5所示）。

　　整机电路组成方框图如图1-6所示。

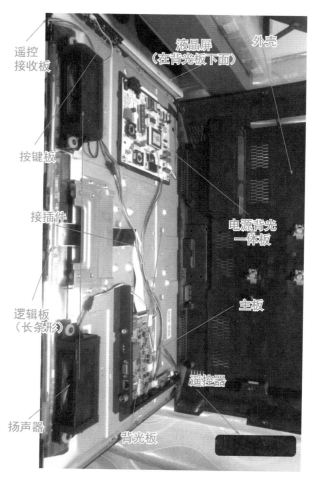

图1-5　液晶电视的结构组成

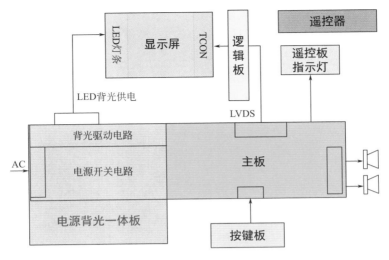

图1-6　整机电路组成方框图

一、电源背光二合一板

电源背光二合一板电路框图如图1-7所示，其中PFC（功率因数校正）电路和副电源电路为可选电路。电源背光一体板（图1-8所示为其实物组成框图，图中元件型号为海信LED32K20JD液晶电视电源背光一体板的型号，不同机型其型号不尽相同，但结构组成大同小异，以此机示例，下同）主要由交流整流、开关电源和恒流电源三大部分组成。

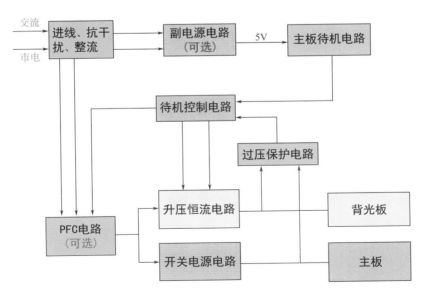

图1-7　电源背光二合一板电路框图

图1-8所示电路分别为：交流进线电路（220V插座、熔丝、压敏电阻、热敏电阻等）、抗干扰电路（两个电感线图、电容等）、整流滤波电路（四个二极管、大滤波电容等）；LED背光驱动电路（整流二极管、滤波电容、储能电感、开关管、电源管理芯片组成升压电路；电源管理芯片、开关管、BRI亮度控制管组成恒流电路）；开关电源电路（开关管、电源调制芯片、开关变压器、光电耦合器、高频整流二极管、滤滤电容等）。

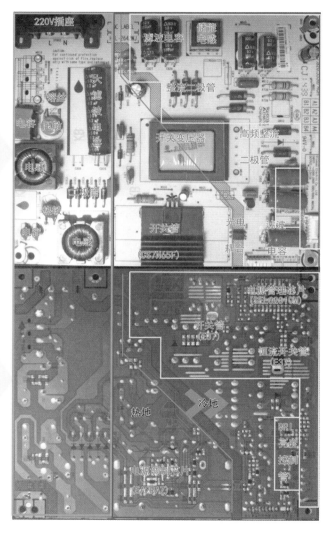

图1-8　电源背光二合一板实物组成框图

交流整流电路实物元件组成如图1-9所示。

开关电源电路实物元件组成如图1-10所示。

背光板恒流驱动电路实物组成如图1-11所示。液晶电视的电源背光二合一板均有型号和版本（如图1-12所示），不同的型号和版本，其实物组成是不一样的，这一点要特别注意。

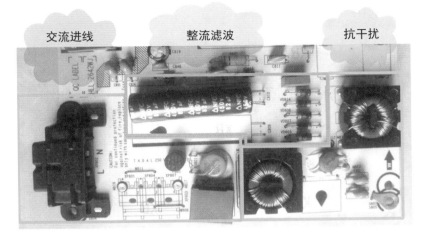

图1-9　交流整流电路实物元件组成

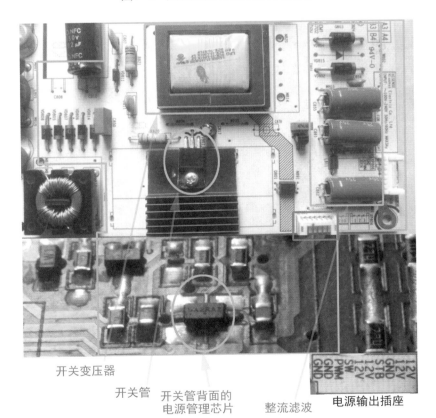

开关变压器　　开关管　开关管背面的　　　整流滤波　　　电源输出插座
　　　　　　　　　　　 电源管理芯片

图1-10　开关电源电路实物元件组成

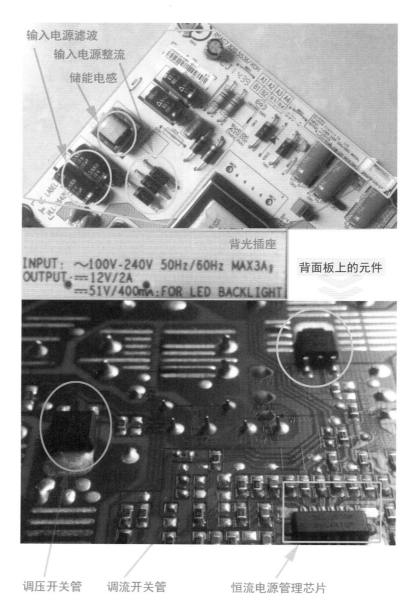

输入电源滤波
输入电源整流
储能电感

背光插座

背面板上的元件

INPUT: ~100V-240V 50Hz/60Hz MAX3A;
OUTPUT: ==12V/2A
==51V/400mA:FOR LED BACKLIGHT

调压开关管　　调流开关管　　　恒流电源管理芯片

图1-11　背光板恒流驱动电路实物组成

电源背光二合一板的型号和版本

图1-12　电源背光二合一板的型号和版本

二、主板

　　液晶电视的主板是整个液晶电视的核心部分。它既连接着内部各大电路接口，又连接着外部各电器接口（如图1-13所示）。

图1-13　液晶电视的主板

液晶电视主板由主芯片和存储器（固件存储器、用户存储器等）核心电路组成，其组成框图如图1-14所示。实物组成框图如图1-15所示。

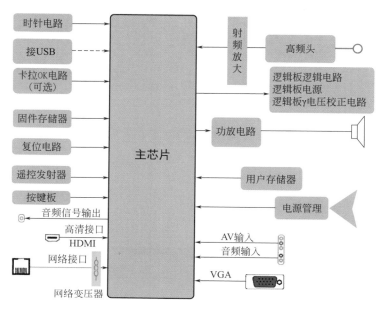

图1-14　主板电路组成框图

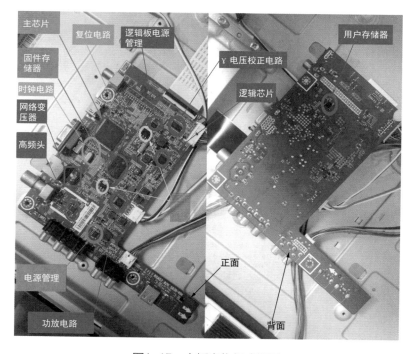

图1-15　主板实物组成框图

图解液晶电视机维修一本通

液晶电视主板具体芯片组成（以海信LED32K20JD液晶电视为例）如表1-1所示。一个芯片代表一个具体电路。液晶电视上的主板均有型号和版本（如图1-16所示），不同型号和版本的主板，其实物组成是不相同的，这一点特别重要，代换和维修时一定要注意同型号同版本代换。

表1-1　海信LED32K20JD液晶电视主板具体芯片组成

具体电路	芯片图	备注
主芯片		RTD2644I
主板电源管理		AIC2863-5
程序存储器		S34ML01G200TF100
高频头（屏头、硅高频头）		MXL661

具体电路	芯片图	备注
伴音功放		TAS5707
网络变压器		S16013LF
逻辑芯片		5562A
γ电压校正芯片（彩色校正芯片、逻辑板电源管理芯片）		BUF16821

三、逻辑板

逻辑板（又称屏驱动板、T-CON板、边板）是连接主板与液晶屏的桥梁。有些逻辑板上安装有逻辑芯片、电源管理芯片、色彩校正芯片等，有些逻辑板则将这些芯片直接安装在主板上。逻辑板仅仅是一块接口板，一面没有芯片，称为边板更为合适。图1-17所示就是边板的实物组成图。

图1-16　主板型号与版本

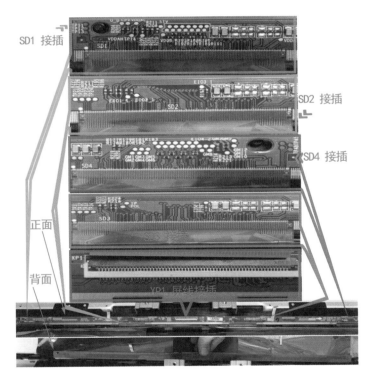

图1-17　边板实物组成

可以看出，边板共有五个接插，XP1为屏线，它与主板连接，SD1～SD4为上屏线接插，它直接与液晶屏连接。边板上都标有边板型号和版本，不同的型号和版本，其电路实物组成是不相同的，而且边板与液晶屏是对应的，不同的边板有不同的配屏型号，如图1-18所示。

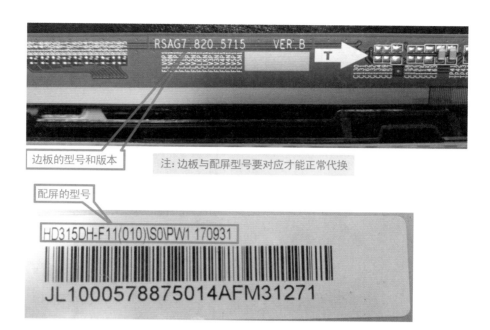

边板的型号和版本

注：边板与配屏型号要对应才能正常代换

配屏的型号

HD315DH-F11(010)\S0\PW1 170931

JL1000578875014AFM31271

图1-18　边板型号与版本

四、按键板

按键板（如图1-19所示）直接与主板相连，是人机对话的桥梁。按键板虽然很小，但也有型号和版本，不同型号和版本的按键板，其电路组成是不一样的。

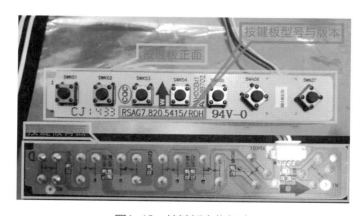

图1-19　按键板实物组成

五、遥控收发板

遥控收发板包括电视机上的遥控接收板和遥控器上的遥控发射板两部分。遥控接收板直接与主板相连（如图1-20所示），负责接收来自遥控器的红外发射信号，接收板上还有电源开机和待机指示灯，为同一个指示灯，待机为红色，开机为蓝色。遥控接收板上有型号和版本号，不同型号和版本号的遥控接收板，其电路和实物组成是不一样的。

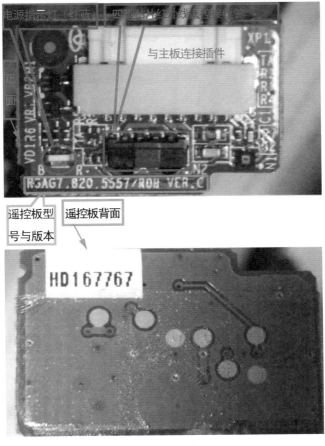

图1-20　遥控接收板

遥控发射板实质上就是遥控器，它与电视机是分离的，采用干电池供电，电路板上只有一块发射集成电路、红外发射管和阻容元件，如图1-21所示。

液晶电视拆机

以上为液晶电视内部主要电路板的结构组成，不同品牌和机型的液晶电视，其各部分的组成大同小异。熟悉了一个品牌的液晶电视结构组成，其他的液晶电视可触类旁通。需要提示的是，在拆液晶电视电路板之前，必须先进行大电容放电操作，方法是用大功率小阻值电阻短路电容两个引脚进行放电（如图1-22所示），以免被电击。

液晶电视装机

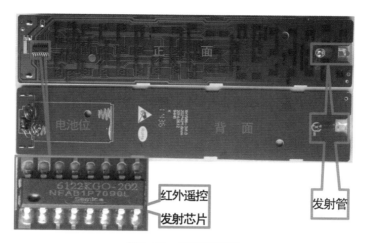

图1-21　遥控发射板

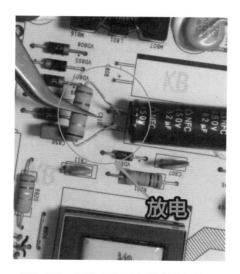

图1-22　短路电容两个引脚进行放电

> **提示**　液晶电视除上述板卡标有型号外，屏也有型号标签。屏的型号标签是更换逻辑板、重写配屏数据的重要依据。

第二章

液晶电视 的 维修工具

第一节 通用工具

　　液晶电视的通用工具主要有螺丝刀（如图2-1所示十字和一字磁性螺丝刀，选用3～5mm的较为合适，也可选用电动螺丝刀，如图2-2所示，电动螺丝刀更省力更快捷）、撬具（如图2-3所示，用来撬开机壳的卡扣）、镊子（需尖头、弯头和平头三种，选用100mm的小型镊子较为合适，如图2-4所示）、裁纸刀（如图2-5所示）、电烙铁（如图2-6所示，建议采用外热式弯头电烙铁）等。

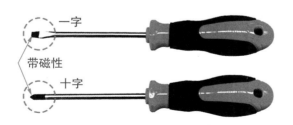

一字

带磁性

十字

图2-1　十字和一字磁性螺丝刀

提示　裁纸刀主要用来切断连线、划断线路板、划断元器件上的固定胶纸，方便拆卸。

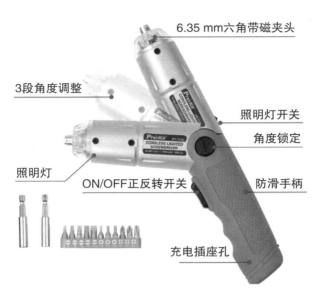

6.35 mm六角带磁夹头

3段角度调整

照明灯开关

角度锁定

照明灯

ON/OFF正反转开关

防滑手柄

充电插座孔

图2-2 电动螺丝刀

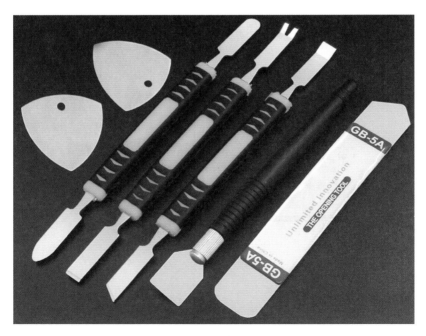

图2-3 撬具

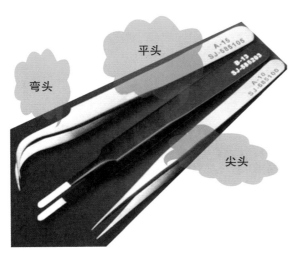

图2-4 尖头、弯头和平头三种镊子

图2-5 裁纸刀

提示 采用弯头电烙铁的好处是既可拆焊超小的元件，例如拆焊背光源的LED灯珠，又可利用弯头跨度大的优势同时加热元件的多个引脚，例如拆焊三极管、电容、屏线座就非常方便。使用方法是先在引脚上加焊，因加焊后焊锡增多，原来的焊点熔化后就不易冷却，快速将元器件拉开，同时用烙铁头推开多余的焊锡。焊接屏线座时，用烙铁头的弯头加焊屏线座后再快速扫去多余的焊锡，屏线座的焊点就会清晰光亮，焊接牢固。建议读者掌握先加焊再扫焊的焊接技巧，会得到事半功倍的效果。

不管是哪种螺丝刀，应选用高吻合度的螺丝刀（如图2-7所示），否则容易出现滑丝现象。

提示 螺丝刀的头部型号有一字、十字、米字、T形（梅花形）和H形（六角）等，液晶电视维修中大多采用一字的和十字的。十字螺丝刀的刀头按大小又分为PH0、PH1、PH2、PH3、PH4（也有用№或#表示的，含义是一样的，PH2就是№2或#2）。PH（№或#）后面的数字越大，其刀头越大越钝，PH0一般适用M1.6～M2的螺栓，PH1一般适用M2～M3的螺栓，PH2一般适用M3.5～M5的螺栓，维修工作中大多选用PH1和PH2刀头的螺丝刀。

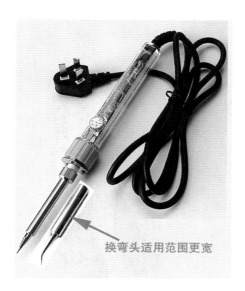

换弯头适用范围更宽

图2-6　电烙铁

尺寸不符
咬合度低

尺寸符合
咬合度高

图2-7　螺丝刀的吻合度

第二节　专用工具

一、热风拆焊台

热风拆焊台（如图2-8所示）用来拆焊集成电路和贴片元器件，应根据所拆的元件大小选用不同的风嘴。

二、万用表

检修液晶电视需配备万用表一台（数字式的或指针式的均可，如图2-9所示）。表笔除普通表笔外，还要配备一支夹持式表笔，以便检测主板上的贴片元器件。

三、带灯放大万向夹

带灯放大万向夹用来稳固夹持液晶电视的主板进行检测和焊接，带灯放大万向夹上（如图2-10所示）的带灯放大镜，用来仔细观察电路板上的细小元器件和铜箔走线，能看清楚细小元器件上的型号。

四、芯片和插接器起拔器

液晶电视的插接器较多，用手往往很难拔出来，可采用专用的芯片和插接器起拔器（如图2-11所示）进行操作，该起拔器也可用来起拔拆焊主芯片。

风枪手柄架

风枪手柄

8mm

3mm

5mm

可根据产品的不同需求，选择不同规格的风嘴

数字式温度显示LED

温度调节按钮

风量调节旋钮

八孔手柄插孔

风枪焊台开关按钮

图2-8　热风拆焊台

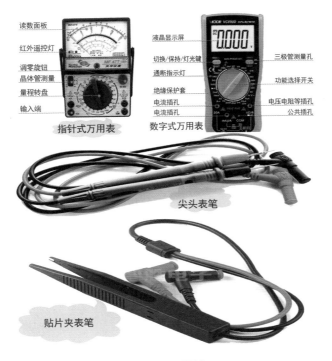

读数面板

红外遥控灯

调零旋钮

晶体管测量

量程转盘

输入端

指针式万用表

液晶显示屏

切换/保持/灯光键

通断指示灯

绝缘保护套

电流插孔

电流插孔

三极管测量孔

功能选择开关

电压电阻等插孔

公共插孔

数字式万用表

尖头表笔

贴片夹表笔

图2-9　万用表

图2-10　带灯放大万向夹

用此钩勾住接插件往上拉

图2-11　芯片和插接器起拔器

五、吸屏器

　　吸屏器是液晶电视的拆屏工具，无论液晶屏是平面还是曲面均可使用吸屏器（如图2-12所示），平面吸屏器用来拆除平面液晶屏，曲面吸屏器用来拆除曲面液晶屏。使用吸屏器时，先将吸屏器放在液晶屏的光滑面上，再按压吸屏器，让吸屏器吸住液晶屏，然后往上提，则可将液晶屏提起。在每个吸盘的下面插入一张卡片（如名片），再轻轻往上提起吸屏器，吸屏器则可与液晶屏脱离。

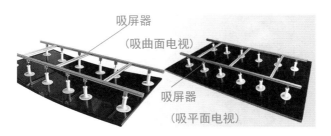

图2-12 吸屏器

六、升级小板

升级小板（如图2-13所示）实质上就是USB转串口（串行通信端口，简称串口）的转换板（通常有USB转串口、COM口、UART口、VGA口等接口形式），通过USB与串口进行通信和程序升级。串口、COM口、UART口、VGA口是指串口的硬件连接形式，VGA口是从VGA口中找出几个串口用的引脚（串口只用RX、TX、GND三个信号，串口是不接电源的，避免与目标设置上的电源冲突，如图2-14所示），其他脚空置没用。

所以USB转串口、COM口、UART口、VGA口，实质上是USB转串口的不同硬件连接形式。而USB转TTL、RS-232、RS-485是USB转到这些接口的逻辑电平标准，而不是硬件连接形式。一般TTL逻辑电平是0和1（低电平为0，+5V高电平为1），RS-232和RS-485的逻辑电平是0和1（正电平为0，负电平为1）。上述硬件连接中，USB转TTL逻辑电平标准的较多，所以，升级小板有时又称USB转TTL小板。

图2-13 升级小板

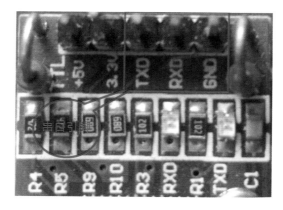

图2-14 串口引脚

七、刷机盒子

刷机盒子比升级小板的功能更强大，能跟不同的主板方案进行通信和数据交换，它是液晶电视固件升级、维修的专用工具，如图2-15所示。刷机盒子一端接电脑的USB接口，另一端接电视的VGA或HDMI接口，不用拆开液晶电视的外壳，启动电脑相关机芯的升级工具，即可以对液晶电视进行程序烧写和开机打印信息查看。并且，在刷机盒子上有相应的指示灯指示盒子的工作状态，使用起来直观方便，是液晶电视软件升级和维修的必备工具。刷机盒子还可与具有OTG功能的手机连接，查看液晶电视的开机打印信息，方便上门维修液晶电视。

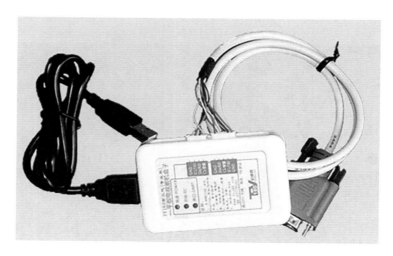

图2-15 刷机盒子

第三章

液晶电视 的 维修方法与技能

第一节 液晶电视的维修方法

一、感观法

感观法包括问、看、听、闻、摸等几种方法。

1. 问

问是指维修人员在接修液晶电视时，要仔细询问有关情况，如故障现象、发生时间等，尽可能多地了解和故障有关的情况。

2. 看

看是指维修人员上门修理故障液晶电视，拆开机壳，对内部各部分进行仔细观察。此方法是应用最广泛且最有效的故障诊断法。

3. 听

听是指仔细听液晶电视工作时的声音。正常情况下，液晶电视无声音，若有不正常的声音，通常是变压器等电感性元器件故障。

4. 闻

闻是液晶电视通电时闻机内的气味，若有烧焦的特殊气味，并伴有冒烟现象，通常为电源短路引起，此时需断开电源，拆开机器进行检修。

5. 摸

摸是指通过用手触摸元器件表面（如图3-1所示），根据其温度的高低，判断故障部位。元器件正常工作时，应有合适的工作温度，若温度过高、过低，则意味着存在故障。

图3-1　手触摸元器件表面

二、经验法

经验法是凭维修人员的基本素质和丰富经验，快速准确地对液晶电视故障作出诊断。例如液晶电视出现三无、不开机故障时，若电源指示灯亮，则可以确定电源板上的副电源或待机电源是正常的。又如液晶电视出现黑屏故障，则要区分黑屏里有图像还是没有图像，其检修方法是完全不一样的。黑屏时用手电筒照显示屏，如果隐约能看到图像，则说明只是背光电路有故障。如果看不到图像，则故障范围更宽。这些都是实际维修中得来的经验，在检修中特别有用。

三、代换法

代换法是液晶电视维修中十分重要的方法。根据代换元器件的不同，代换法又可分为两种：元器件代换法与模块代换法。

1. 元器件代换法

元器件代换法是指采用同规格、功能良好的元器件来替换怀疑有故障的元器件，若替换后，故障现象消除，则表明被替换的元器件已损坏。

检测贴片晶闸管

2. 模块代换法

模块代换法是指采用功能、规格相同或类似的电路板进行整体代换。该维修方法排除故障彻底，且维修故障彻底，在上门维修中经常用到，通常是用通用板代换原机板，例如液晶电视开关电源通用模块（如图3-2所示）是可以用来进行原机开关电源局部代换的。

5～24V可调

四、测试法

　　维修液晶电视时通常使用信号波形测试法、电流测试法、电压测试法或电阻测试法，通过测量结果来判断故障点，该方法适用范围较广。

　　1. 信号波形测试法

　　信号波形测试法是用手持示波器（如图3-3所示）对液晶电视中信号的波形进行

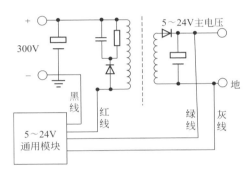

图3-2　液晶电视开关电源通用模块

图3-3　手持示波器

检测，并通过对波形的分析来判断故障的一种方法。在测量波形时，需测其幅度及波形的周期，以便准确地判断出故障的范围。该测试法技术难度相对较大，要求维修人员使用示波器，并熟悉各种信号的标准波形，且能从实际波形和标准波形的差别中分析故障。

　　2. 电流测试法

　　电流测试法是用万用表检查电源电路的负载电流，目的是检查、判断负载中是否存在短路、漏电及开路故障，同时也可判断故障是在负载还是在电源。

　　3. 电压测试法

　　电压测试法是检查、判断液晶电视故障时应用最多的方法之一，其通过万用表测量电路主要端点的电压和元器件的工作电压，并与正常值对比分析，即可得出故障判断的结论。测量所用万用表内阻越高，测得的数据就越准确。

提示　按所测电压的性质不同，又分为静态直流电压、动态电压。静态电压是指液晶电视不接收信号条件下的电路工作状态，其工作电压即静态电压，它常用来检查电源电路的整流和稳压输出电压及各级电路的供电电压等。动态电压是液晶电视在接收信号情况下的电路工作电压，它常用来检查判断用测量静态电压不能或难以判断的故障。判断故障时，可结合两种电压进行综合分析。

4．电阻测试法

电阻测试法就是利用万用表的欧姆挡，测量电路中可疑点、可疑元器件以及芯片各引脚对地的电阻值，然后将测得数据与正常值比较，可以迅速判断元器件是否损坏、变质，是否存在开路、短路，是否有晶体管被击穿短路等情况。

提示 电阻测试法又分为"在线"电阻测试法、"脱焊"电阻测试法。"在线"电阻测试法是指直接测量液晶电视电路中的元器件或某部分电路的电阻值；"脱焊"电阻测试法是将元器件从电路上整个拆下或仅脱焊相关的引脚，使测量数值不受电路的影响再测量电阻。

使用"在线"电阻测量法时，由于被测元器件大部分要受到与其并联的元器件或电路的影响，万用表显示出的数值并不是被测元器件的实际阻值，使测量的准确性受到影响。与被测元器件并联的等效阻值越小于被测元器件的自身阻值，测量误差就越大。

五、拆除法

在维修液晶电视时拆除法也是一种常用的维修方法，该方法适用于某些滤波电容器、旁路电容器、保护二极管、补偿电阻等元器件击穿后的应急维修。有些保护性元器件拆除后，电视还能正常工作，只是失去了保护作用，但拆除后观察现象对判断故障部位特别有用。

六、人工干预法

人工干预法主要是在液晶电视出现软故障时，采取加热、冷却、振动和干扰的方法，使故障尽快暴露出来。

1．加热法

加热法适用于检查故障在加电后较长时间（如1～2h）才产生或故障随季节变化的液晶电视，其优点主要是可明显缩短维修时间，迅速排除故障。常用电吹风和电烙铁对所怀疑的元器件进行加热，迫使其迅速升温，若随之故障出现，便可判断其热稳定性不良。由于电吹风吹出的热风面积较大，通常只用于对大范围的电路进行加热，对具体元器件加热则用电烙铁（如图3-4所示）。

图3-4　具体元器件加热则用电烙铁

2．冷却法

通常用酒精棉球敷贴于被怀疑的元器件外壳上（如图3-5所示），迫使其散热降温，若故障随之消除或减轻，便可断定该元器件散热失效。

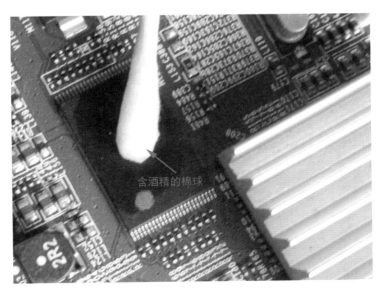

含酒精的棉球

图3-5　用酒精棉球敷贴于被怀疑的元器件外壳上

3．振动法

振动法是检查虚焊、开焊等接触不良引起软故障的最有效方法之一。通过直观检测后，若怀疑某电路有接触不良的故障时，即可采用振动或拍打的方法来检查，使用工具（螺丝刀的手柄）敲击电路或用手按压电路板、扳动被怀疑的元器件，便可发现虚焊、脱焊及印制电路板断裂、接插件接触不良等故障的位置。若发现按压后故障有变化，则用热风枪加热虚焊部位的元器件（如图3-6所示），使元器件上的虚焊点重新熔焊好。要注意把握温度，不得将周围的小元件吹飞了。

图3-6　用热风枪加热虚焊部位的元器件

第二节　液晶电视的维修技能

一、利用故障现象判断故障部位

根据故障现象判断故障部位是电视维修的基本方法，以下介绍如何根据故障现象判断故障部位。

① 液晶电视开机"三无"，且电源指示灯不亮，则大多是电源板的副待机电源或副电源故障；若指示灯亮但出现不能开机故障，则大多是电源板上的主电源或主板故障，而背光板（LCD电视则是高压板）、逻辑板出现故障的可能性小。

② 液晶电视开机出现有声音但无光栅。此类故障大多是背光驱动电路（LCD电视则是高压板）损坏，而主板和逻辑板损坏的可能性较小。

③ 液晶电视屏幕出现一条条横线，有时还会不断增多。此类故障可用手拍打电视机外壳，若拍打后横线有变化，则说明屏线接触不良。若拍打后无变化，则可能是主板或逻辑板有故障，重点检查逻辑板。

④ 液晶电视出现开机工作一段时间后花屏，但声音正常。此类故障应重点检查逻辑板、机内连接线，重点检查是否电路板过孔（如图3-7所示）不通或主IC存在虚焊。

图3-7　电路板过孔

⑤ 液晶电视开机出现满屏杂点或竖条等故障，出现此类故障大多是逻辑板的缓冲芯片虚焊或损坏，加焊或更换同型号缓冲IC即可。

二、利用开机打印信息判断故障部位

液晶电视在上电之后，首先是启动主IC中固化的ROM Code（ROM编码），通过 ROM Code 初始化 SDRAM（随机存储器）并装载Pre-Loader（预装载机）进行执行，之后顺序装载Boot（引导系统）、Kernel（程序内核）等程序模块。

主控IC中是有一部分ROM Code的，此时系统也会装载一部分Log信息。如果此时没有任何的Log输出，首先判断IC是否有正常供电，或外围晶体等是否工作正常，确定上述硬件没有异常的情况下再进行软件维修。

也可采用专用的升级小板或刷机盒子及专用的打印信息查看软件（例如SecureCRT软件）查看开机打印信息（如图3-8所示），当硬件或软件有故障时，开机打印信息就不能打印完整。开机打印信息停留在哪个位置，就是相对应的硬件存在故障，重点检查该硬件。若开机打印信息一点都不显示或显示乱码，说明固件程序存在故障，则需要重新刷引导程序和主程序。

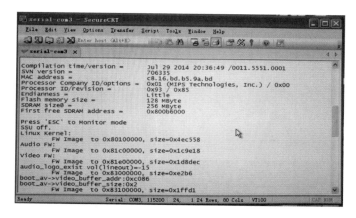

图3-8　开机打印信息

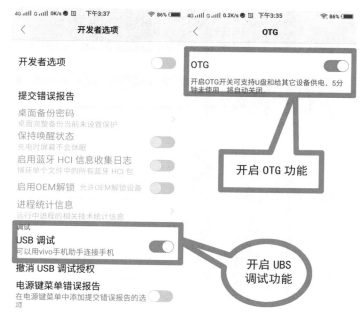

图3-9　开启手机的USB调试和OTG功能

提示　维修液晶电视时，若要在液晶电视的高清接口上接线得到开机打印信息，则需要用带高清接口的刷机线连接刷机盒子。为了方便上门维修，利用手机的OTG功能（如图3-9所示，注意要事先开启手机的USB调试和OTG功能）和手机串口软件，也可通过手机OTG线连接刷机盒子，通过手机可直接查看液晶电视的开机打印信息，甚至可以升级电视的固件程序，省去了上门维修需要带上笔记本电脑的麻烦。

三、利用假负载判断故障部位

维修液晶电视的背光驱动板时，由于LED背光驱动电路实质上也是开关电源，在没有负载的情况下开关管是停振的，无法检测背光驱动电路是否正常，所以检修背光驱动电路时，若断开了背光条，则需要接上假负载才能判断背光驱动电路是否正常。这时就要用到假负载，假负载可采用照明用的LED灯条串联100W/1500Ω的可调电阻。

通过连接假负载，就可通电判断背光驱动板是否能正常工作，同时避免烧坏背光板上的LED灯珠。

四、利用关键测试点判断故障部位

在液晶电视的主板上有很多标注了TEST或TP*的圆触点，这些就是液晶电视上的关键测试点（如图3-10所示），测量这些关键测试点，可判断其前面的电路是否正常。若测试不正常，则重点检查测试点前面的电路。

图3-10　关键测试点

（1）电源板供电电压测试点（如24V、12V、5VSB等）　若电视出现不开机故障，则加电测量该测试点的电压是否正常，特别是5VSB是否开机就有。

（2）供电控制脚（POWER_ON）电平测试点　如果开机后没有24V电压输出，则重点检测此控制脚的电压是否为高电平。

（3）背光控制脚（BL_ON_OUT、DIM）电平测试点　如果开机后背光不亮，则重点检查该测试点的两个电平是否正常。

（4）主芯片三个关键电压测试点　复位（MCU_RESET）、晶振（XTALIN）、总线（SCL SDA），主芯片是否正常工作，先测量这三个关键测试点的电压是否正常，这是集成电路正常工作的先决条件。

（5）屏线供电关键测试点 LVDS供电电压、VGL电压、VGH电压（不同的屏线，供电脚的位置不一样）：屏线供电电压一般为12V，VGH一般为+35V，VGL一般为-6V。若没有以上电压，则会出现有背光无图像的故障。

五、换板维修

（一）电源板换板维修

液晶电视电源板有两种，一种是独立的电源板，还有一种是电源背光一体板。当电源板故障范围较大，损坏元件较多（例如雷击）时，可采用整板代换修复液晶电视的电源板。

进行液晶电视电源板整板代换时，首先要确定原电视的尺寸和电源的功率，输入电压是多少（一般为AC90～260V宽电源交流输入），输出的直流电压和电流是多少（一般为DC5V/3A、12V/4A、24V/8A），PS/ON是高电平还是低电平（PS/ON控制12V和24V电压的输出）、是独立电源还是一体式电源、12V和24V电源是否受控、接口形状是否一致（接口形状不一致的则采用将原插口改为新配接口的方法进行匹配）、电源板尺寸和形状（有些超薄液晶电视装不下过厚过大的电源板）、适用品牌等信息，再查找匹配的原机电源板（特别注意电源板的型号，如图3-11所示为创维40/42/E510E电源板，型号为L3N011）或通用电源板。

图3-11　创维40/42/E510E电源板，型号为L3N011

用通用液晶电视开关独立电源整板（如图3-12所示）换板维修时，首先要考虑电源板的形状和尺寸，电源板适用电视的面板尺寸和功率，输入电压大小（一般为输入交流AC90～260V），输出电压（一般为输出直流DC5V3A、12V4A、24V8A），功率大小（一般为130～200W），是否PSON受控（PSON为高电平受控还是低电平受控，受控时则有12V、24V电压输出，反之则无输出），是否支持遥控待机，是5V待机还是12V待机等信息。目前的通用独立电源板为了适应不同液晶电视的不同接口，采用多接口输出（2、4、7、8、10、13针脚插口），不同的电视因接口不同插在不同的插座上即可，非常快捷方便。

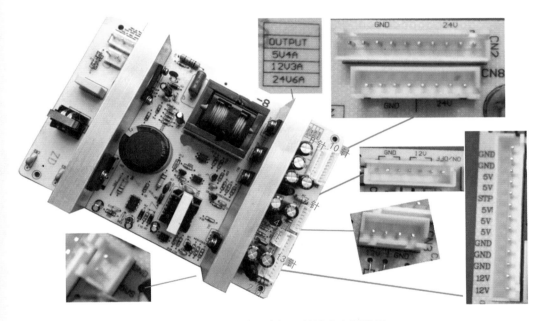

图3-12　通用液晶电视开关独立电源整板

大多液晶电视采用了电源背光一体板，所以通用电源背光一体板（如图3-13所示）的品种更多，代换更方便。进行代换时除注意电源板接口外，还要注意背光灯的接口是否匹配（如图3-14所示为接口定义），如是否有ENA（背光启动脚）、ADJ（背光亮度调整脚）、5VSB（待机5V脚）、BLON（背光开关）等引脚。

提示　全新通用24V/12V/5V/5VSB 电源板，单独测试的方法：将PSON短接5VSB，并在5V与地之间增加一只47Ω/2W的电阻作为假负载，开关电源启动工作即表示电源板正常，否则说明有问题。

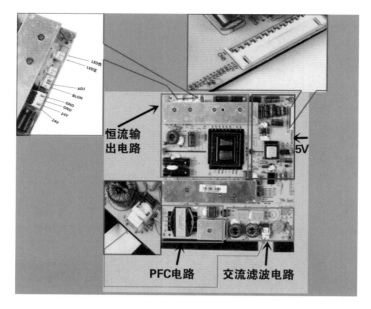

图3-13　电源背光一体板

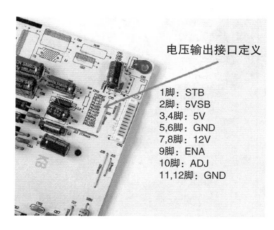

电压输出接口定义

1脚：STB
2脚：5VSB
3,4脚：5V
5,6脚：GND
7,8脚：12V
9脚：ENA
10脚：ADJ
11,12脚：GND

图3-14　接口定义

（二）背光板换板维修

　　液晶电视的背光板分为LCD背光板（俗称高压板，如图3-15所示）和LED背光板（俗称恒流板），LCD背光板用在LCD液晶电视上，LED背光板用在LED电视上。LCD液晶电视背光板损坏时，用通用LCD背光板代换，LED液晶电视背光板损坏时，则用LED背光

液晶电视电源
背光板原理

图3-15　LCD背光板

板代换。

　　LCD背光板代换时，若用原厂板代换，则按高压板上的板号到厂家购买后，直接代换即可，简单方便。也可采用LCD通用高压板进行代换。LCD通用板代换时，要搞清楚液晶电视是几灯的，功率是多大（适用多大尺寸的液晶电视），电压是多少（适用多大的电压），是大口还是小口，带不带ADJ（背光调节）、带不带ENA（背光开关）等，只有上述参数均吻合时才能用通用板代换。若原电视是多灯的，而背光板不能带更多的灯管，则可采用多个背光板，分组接入液晶电视的灯管组。不同的插口不能对接或针脚线序不对时，可采用改换插口针脚的方法（如图3-16所示操作方法）进行代换。

　　LED通用代换时，其关键参数是恒流电流（例如一般的LED恒流板的恒流电流为200mA），这个参数必须要一致，其他参数则在规定的范围内即可。如通用板适用多大尺寸的液晶电视、通用板的供电电压范围是多少（一般为19～45V），输出电压的

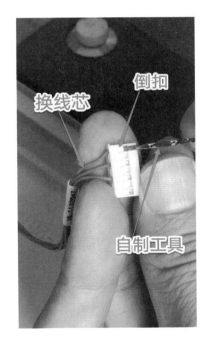

图3-16　改换插口针脚

范围是多少（一般为55～170V）。LED通用板是电压自适应的，只要输出电压在其规定的范围内，其输出电流均是恒定在200mA，无需人为干预。如图3-17所示LED通用板恒流板（背光板），当输入电压为19～45V时，其输出电压为55～170V，但其电流则恒定为200mA。只要接入灯条的电压和电流在此范围内均可使用。也就是说使用19V供电，其输出的电流为200mA，若使用45V供电，其输出的电流也会是200mA，不会因输入电压不一样而输出不同的电流，从而确保背光中的LED管的工作稳定性。

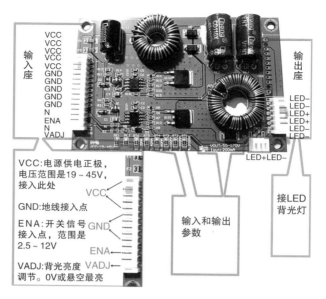

图3-17　LED通用板恒流板（背光板）

提示　通用板开关信号和背光调节信号针脚的英文，不同的电路板不完全相同，ON/OFF、BL-ON、BLON、EN、ENA等均为开关信号的意思；PWM、DIM、ADJ、VADJ等均为背光调节信号的意思。另外，有些屏灯条的灯线是LED+、LED-二线的，也有的灯线是LED+、LED-、LED-三线的，通用板上同时设计了这两类插口，注意区别使用。

　　以上通用电路板输出的200mA是默认值，对于采用多条灯线的背光板，电流总和就不是200mA了，每增加一条灯线，则要增加200mA的电流，可通过设置输出电流值来进行设置，例如若背光灯是二线的（即200mA+200mA），则可将电路板上的一个200mA的焊点焊上（如图3-18所示），这样输出的电流就变成了200mA+200mA=400mA。若是三线的，则需要200mA+200mA+200mA，这样就需要焊上两个焊点。每根灯线之间采用并联的形式进行连接，分配到单根灯线上的电流还是200mA，依此类推。

提示　背光中的LED灯珠，若其供电电流小于200mA，也是能点亮的，哪怕只有10mA，照样能点亮，只是亮度很暗。用通用板连接好灯条的灯线后，若亮度不够，则可再焊上一个或多个电流焊点，直到背光板亮度正常为止。当然，

LED都是单向导通元件，一个灯线回路中，若有一个灯条装反，或灯条太长，维修时剪灯后最后一个灯条的尾端没有焊上（如图3-19所示），背光灯是点不亮的。

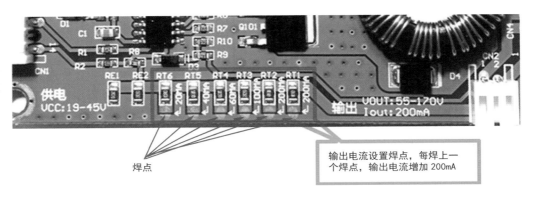

焊点

输出电流设置焊点，每焊上一个焊点，输出电流增加 200mA

图3-18　输出电流设置焊点

提示　有的背光通用板在设计时，特意设计了输出电路局部小短路时，通用板仍然可点亮其他LED灯珠，这样对上门维修特别有利，有些屏只有一两个LED灯珠烧坏，用通用板代换时也能点亮灯条，只是屏有一点小暗区，但可避免拆屏换灯的麻烦。

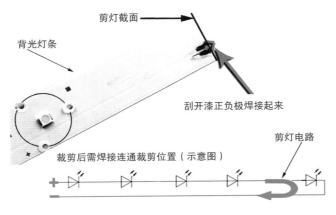

剪灯截面

背光灯条

刮开漆正负极焊接起来

剪灯电路

裁剪后需焊接连通裁剪位置（示意图）

图3-19　灯条剪灯示意图

（三）主板换板维修

液晶电视的主板（又称为信号处理板、数字板、主控板等），是液晶电视中信号处理电路的核心部分，其主要作用是承担将外部输入信号转换为统一的液晶显示屏所能识别的数字信号的任务。当主板出现故障时，除了少数主芯片和阻容元件明显烧坏可以直接进行单元件维修外，其他主板故障大多采用换板维修，也可采用万能液晶电视通用主板（如图3-20所示）进行换板维修。

图3-20　万能液晶电视通用主板

1. 液晶屏原机板换板修机

原机板只要是同一系列、同一机芯、同一PCB号的液晶电视主板都可以互代，只是不同的显示屏电压可能有差别，要特别注意主板输出电压与显示屏的输入电压是否一致，不一致的不能互换。同时要注意主板的LVDS线（俗称上屏线、屏线）插接口部分要与LVDS线的功能引脚一一对应（俗称配屏，这一点特别重要），同时更换主板后，因显示屏分辨率不完全一样，可重新烧写主板程序（找与屏一样分辨率的主板程序进行烧写），以便主板适应不同分辨率的屏幕。

重新烧写主板程序，关键是要找到原屏的型号（俗称配屏），知道原屏型号才能找到该烧写哪一个主板程序。找原屏型号的方法有两个：一个是拆开液晶电视背板后，露出屏的背面，在屏的背面上有一张贴纸，在贴纸上可以找到原屏的代码（如图3-21所示）；二是通过原机机型可找到配屏的型号，找到配屏型号之后，再到网上搜索相应的升级文件（*.bin，主板升级不同的升级文件，其实就是配屏分辨率不同），通过烧录屏程序，即可与原屏配屏成功。

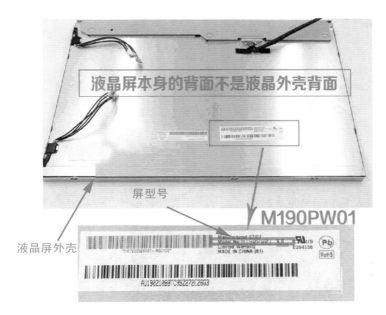

图3-21　原屏的代码（屏型号）

提示　配屏的烧录方法：把要烧录的屏程序（*.bin）存放在U盘里，把U盘插到主板上，再给主板通电，按键板指示灯等一下就会红绿交替闪烁，开始写程序（此时勿断电），当指示灯快闪后，表示程序已写好，断电拔出U盘即可。

2．液晶屏万能板换板修机

用万能板配屏时，屏供电电压〔一般有3.3V、5V、12V等，15in（1in=25.4mm，下同）以下的屏一般为3.3V，15～26in的屏一般为5V，26in以上的屏一般为12V〕是通过跳帽进行调节，改变跳帽的位置，也就改变了屏供电（如图3-22所示）。万能板的屏线接口也是采用多功能多插脚，根据屏线针脚的定义，屏线可插在不同的位置上（屏线的红色线一般要对准电路板上的某个标志，如三角形）。万能板一般还带有遥控接口，其遥控接口只要插上遥控接收器就能用原机遥控器进行遥控，不过遥控接收器三线要进行调序（如图3-23所示）。

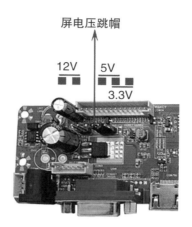

图3-22　跳帽调节屏电压

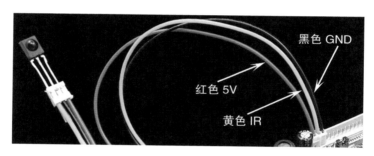

图3-23　遥控接收器三线要进行调序

与原板换板维修类似，用万能板换板维修也要根据配屏烧写主板程序，一般万能板的卖家根据用户提供屏型号，会事先将主板程序烧录好，若没烧录，则需要维修人员自行刷机。刷机方法与烧录方法类似，所不同的是：刷机一定要先给主板断电，再插U盘通电，通电状态下直接插U盘是不会进行刷机的，刷的过程中看指示灯变化确定是否烧录完成。

提示　目前市场上有很多种类的万能代换主板，而且很多主板是免程序刷写的，它是通过改动跳帽的方式改动输出的分辨率，不同的跳帽方式对应不同的分辨率，从而无需刷主板程序，使用更为方便。

有些万能主板代换后，屏幕显示还是不完全正常（如花屏、"鬼脸"、颜色不对、倒装镜像屏、按键板定义不对等），此时就要进入主板的工厂模式，对工厂模式内部的屏参数进行调节。进入工厂模式的方法因主板不同而不同，一般是按遥控菜单键，再按相应的数字键（1147、2580等）即可。购买主板时应注意看使用说明书。进入工厂模式后就可对屏参数进行调整（如图3-24所示）。

图3-24　对屏参数进行调整

提示　用万能板代换维修主要适用于32in以下的小屏液晶电视，对于大屏液晶电视最好购买原厂主板进行代换。虽然价格较高，但方便快捷，显示效果更好。

第四章

液晶电视 的 故障维修案例

第一节 海尔液晶电视的故障维修

例1 海尔H65E17型液晶电视通电后指示灯亮，但不能开机

维修过程：出现此故障时，首先测机芯板CN110脚（为机芯板送往电源的开待机电压）电压是否正常；若10脚电压不能由低电平变为高电平4.5V，则说明故障在机芯板上（如图4-1所示）。

当机芯板有问题时，可按以下步骤进行检修：

① 目测主板上元件是否存在异常（如电容鼓包或开裂、元件有裂痕或外观颜色异常等）；

② 通电用万用表测机芯板各路供电（VDDC、NORMAL 电压及FLASH、DDR、TUNER）是否正常来判断故障出在哪部分电路；

③ 检查主芯片的时钟振荡电路和复位电路是否正常（复位电路的检查重点是测复位脚电压变化情况，时钟振荡电路的检查重点在晶振上）；

④ 检查U42的FLASH存储器、主芯片U1（MSD6A638）本身是否有问题。

故障处理：该机检查故障在U1上，更换U1后故障排除。

提示 该机采用MSD6A638机芯，机芯板型号为0090724751H。若对U42的FLASH存储块进行替换（替换必须带程序数据的FLASH芯片），更换后有图像但花屏，需升级处理。

图解液晶电视机维修一本通

判定故障在机芯板还是电源板，可测机芯板 CN1 7 脚输出的 5V STB 为待机电压，10 脚的开机控制电压。若二次开机后测 10 脚电压不能由低电平变为高电平 4.5V，则不开机故障在芯片板上

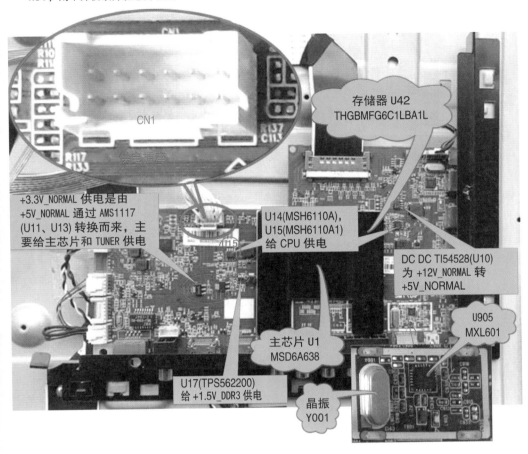

存储器 U42
THGBMFG6C1LBA1L

+3.3V_NORMAL 供电是由 +5V_NORMAL 通过 AMS1117 (U11、U13) 转换而来，主要给主芯片和 TUNER 供电

U14(MSH6110A)，U15(MSH6110A1) 给 CPU 供电

DC DC TI54528(U10) 为 +12V_NORMAL 转 +5V_NORMAL

U905 MXL601

主芯片 U1 MSD6A638

U17(TPS562200) 给 +1.5V_DDR3 供电

晶振 Y001

图4-1　机芯板

例2　海尔K47H5000P型液晶电视开机后屏上有垂直黑带

　　维修过程：出现此故障一般是排线、背光板或屏有问题。该机背光板（又称恒流板，如图4-2所示）输出的VLED电压为70V（左右各一路），另有六路LED反馈电压（左3路、右3路），背光板的电压通过软排线输出到屏上的六组LED灯条。检修时首先测CN102的1脚L1、2脚L2、3脚L3的反馈电压均为2.02V左右，CN101的6脚R1、7脚R2、8脚R3的反馈电压分别为3.98V、0.81V、2.39V，故判断有一组LED灯条断路。

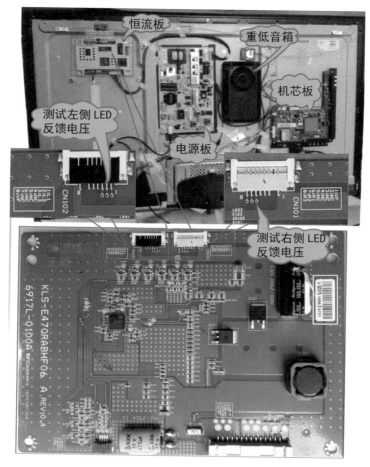

图4-2 恒流板

故障处理: 拆开液晶屏, 检查有组LED灯条上有一颗LED灯珠损坏, 更换整组灯条即可。

提示 当黑带出现, 而其他部分显示正常, 一般是液晶屏相关部分有问题。液晶屏轻微损坏, 如仅损坏接口或排线, 则可以通过更换新接口或重新固定排线来修复; 若液晶屏损坏严重, 维修价值就不大了。该机采用RTD2974机芯。

例3 海尔LD46U3200型液晶电视通电后有标志显示，但背光一闪即灭；有时工作一段时间后黑屏，但伴音一直正常

维修过程：由于该机屏幕能亮，说明电视机控制电路等基本正常，故障可能是电源自身保护、主板控制信号异常或屏LED灯条不良。测电源板（如图4-3所示）插座上的+5VSB电压正常，但黑屏后+12V电压下降为0V，同时BL-ON/OFF由1.8V降为0V，DIM也从3V慢慢下降；测电源板上Q200（AOD464）D极电压正常（开机后有+12V，黑屏后电压逐渐上升至+18V），再测主板控制电压BL-ON/OFF为3V，PW-ON/OFF为2.7V，PWB-DIMMING为3V，故判断故障在LED恒流驱动电路或屏内灯条中。测背光控制芯片IC930（OB3356）的供电及控制端电压正常，但测23脚（OVP过压保护端）电压时背光灯灭，故判断故障为系统保护电路动作所致。

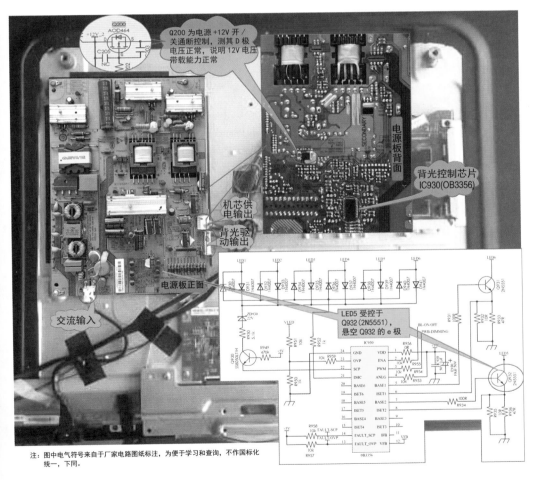

注：图中电气符号来自于厂家电路图纸标注，为便于学习和查询，不作国标化统一，下同。

图4-3　二合一电源板与背光控制相关截图

第四章　液晶电视的故障维修案例

故障处理：该机检查为几组灯条中的一组LED灯条短路引起压差保护电路动作，拆屏更换灯条即可。由于拆屏检修或更换灯条比较麻烦，可采用取消此灯条保护进行应急处理，但一般只在应急时才采用此方法。该机短路的一组LED灯条受控于Q932（2N5551），悬空三极管Q932（5551）的e极即可。

> **提示** 在更换灯条后，不要急于安装好，可直接接上电路板，看能否点亮背光，另外还要检测更换的灯条电压是否与其他几组平衡。

例4 海尔LD46U6000 型液晶电视通电后指示灯亮，但按遥控键开机后蓝灯亮，背光一闪，指示灯变为红灯，处于待机状态

维修过程：由于该机背光只亮一下，故判断是背光LED的供电电压过高或过压取样电路有问题造成保护电路动作。该机主电源只输出一组75V电压给背光电路供电，故开机首先检测主电源输出的75V电压是否正常；若75V电压正常，再检查由Q850和Q851组成的模拟晶闸管电路是否正常；若该电路正常，再检测背光控制芯片IC805（OB3356CP）13脚（FAULT_OVP过压保护输出）、10脚（ISET3灯珠短路保护输出）是否输出5V高电平〔若存在过压或灯珠短路，相应的脚会为低电平，通过D850（或D851）使Q853导通，触发模拟晶闸管导通并自锁，主电源停止工作〕，如图4-4所示。

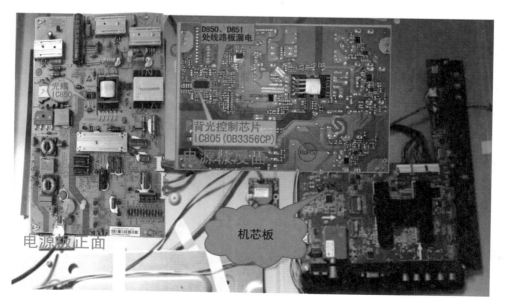

图4-4 电源板

图解液晶电视机维修一本通

故障处理：本例检查为D850、D851处线路板存在漏电，造成Q850的e极电压为0.16V，但Q851的b极电压为0.72V，使模拟晶闸管被触发且自锁，此时开/待机光耦IC850截止，主电源停止工作，从而导致此故障。将线路板清理干净后，故障排除。

提示 该机模拟晶闸管导通与否由Q853控制，其控制信号有两路：一路是FAULT-OVP，另一路是FAULT-SCP，均由背光板提供。若LED灯串中灯珠短路较多，Q931或Q932的c极电压升高，当电压升高一定程度后ZD930击穿，Q930导通，IC805的22脚（SCP短路保护）电压升高，14脚（FAULT_SCP故障短路保护）输出低电平，Q853导通，触发模拟晶闸管，主电源停止工作。

例5 海尔LD50U3200型液晶电视开机后无图无声，指示灯也不亮

维修过程：拆开机壳，检查电源板（如图4-5所示）上熔丝F102已烧坏、380V

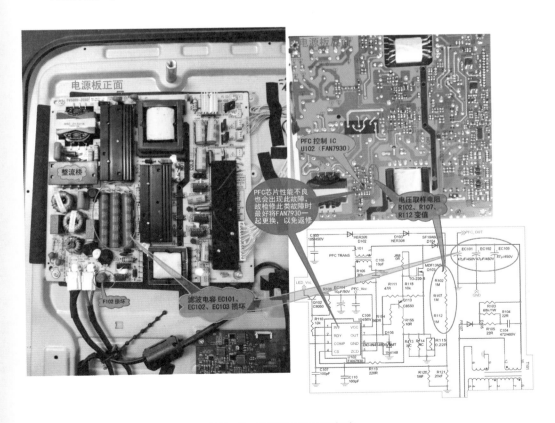

图4-5 电源板与PFC电路

滤波电容EC101～EC103已鼓包，更换熔丝与滤波电容后，测PFC电压正常，但工作一段时间后故障重现，且熔丝F102与滤波电容EC101～EC103又损坏。更换损坏元件后，检查更换的滤波电容没有存在质量问题，用万用表测滤波电容两端电压，同时采用加热法对PFC电路元件进行逐个检测，发现当加热到PFC电压取样电阻时，PFC电压开始上升，经查为R102、R107、R112电压取样电阻变值。

故障处理：本例为电压取样电阻R102、R107、R112变值，更换三只电阻后故障排除。

> **提示** PFC电路为功率因数校正电路，一般为升压电路，是为了改变功率因数而设定的，就是把桥堆整流后的+300V电压升为375～400V。若测得大滤波电容两端电压为375～400V，则说明功率因数校正电路工作正常；若测电容两端电压为+300V，说明PFC电路未工作，重点检查PFC电路。

例6 海尔LE40B510X型液晶电视开机工作十几分钟后黑屏（伴音正常），关机再开机又工作十几分钟后故障重现，若交流关机后马上开机背光一闪就灭

维修过程：根据现象判断故障在背光恒流部分（如图4-6所示）。通电，测恒流电路中恒流控制芯片UB801（OB3350CP）1脚为12V、8脚PWM电压为2V，但7脚OVP电压从1.8V快速升到2.3V，对OVP电路元件进行逐个检查，发现电阻RB814（510kΩ）不良。

故障处理：该机因电阻RB814的热稳定性差，使背光供电过压保护从而导致此故障，更换RB814后故障排除。

> **提示** 该机采用三合一（电源、背光恒流、信号处理）主板，板号是VST69D-PB83，配屏型号LSC400HN02，为TSU69KR机芯。液晶屏背光采用LED灯条，4根LED灯串联，每根灯条由10颗3V的灯珠串联组成。

例7 海尔LE46A90W型液晶电视开机待机灯亮，有开机画面显示，但按待机键背光灯一闪就灭，保护性关机

维修过程：拆开机壳，检测电源板插座上的+5VSB电压正常，+12V输出在开机瞬间有12V电压，灯灭后电压下降为0V，同时BL-ON/OFF也由1.8V降为0V，DIM也由3V开始下降。开机，测电源板上Q200（AOD464，电源+12V开/关通断控制）的D极有+12V，但灯灭后逐渐上升到+18V，故排除该电压带载能力有问题的可能；将

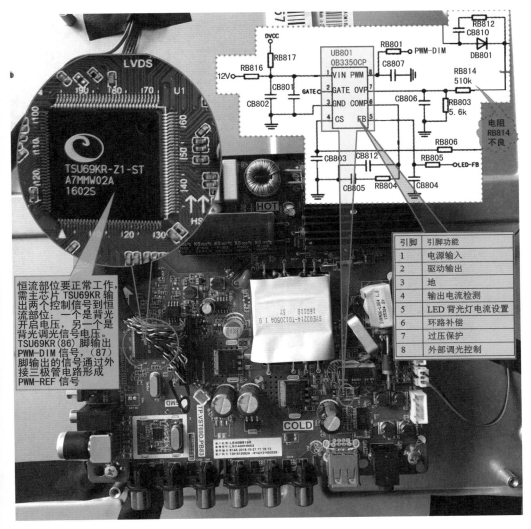

恒流部位要正常工作，需主芯片TSU69KR输出两个控制信号到恒流部位：一个是背光开启电压，另一个是背光调光信号电压。TSU69KR(86)脚输出PWM-DIM信号，(87)脚输出的信号通过外接三极管电路形成PWM-REF信号

引脚	引脚功能
1	电源输入
2	驱动输出
3	地
4	输出电流检测
5	LED背光灯电流设置
6	环路补偿
7	过压保护
8	外部调光控制

图4-6　背光恒流部分

Q200的D、S极短接（即+12V电压输出不受控），开机后红灯闪烁，随后白色指示灯亮，出现伴音，说明主板及程序正常；此时测主板控制电压BL-ON/OFF为2.99V，PW-ON/OFF为2.71V，PWB-DIMMING为3V，由此判断故障在LED恒流驱动电路或屏内灯条中。该机12V又受到背光芯片IC930（OB3356）控制，仔细检查各路LED控制回路取样值，VLED供电80V，六路LED供电，开机瞬间LED1、LED3～LED6路均有15～17V，只有LED2开机瞬间才4.9V，经查为OB3356内部不良所致。二合一电源板与LED恒流驱动电路部分截图如图4-7所示。

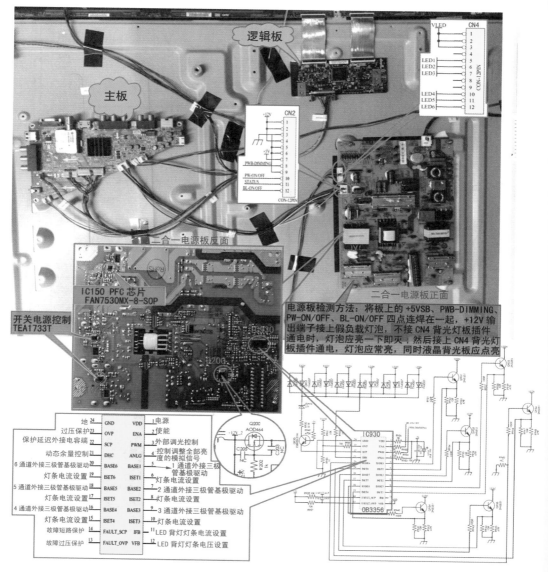

图4-7　二合一电源板与LED恒流驱动电路

故障处理：更换OB3356后故障排除。

提示　12V作为内部主芯片供电前级电压，12V电压失常，即芯片丢失开机条件处于死机状态，既不能开机也不能关机，而12V受到背光芯片控制，怀疑背光芯片保护，可去掉保护进行判断。该机主板型号0091802371B V1.2，电源板型号0094003794A。

例8 海尔LE48AL88U51型液晶电视通电后指示灯亮，但不能二次开机

维修过程：首先检测机芯板上电压输出是否正常，测供电插座CN1的7脚（5VSB）有正常的5V电压，10脚（PW-ON）电压有正常的3.3V电压，说明主芯片（MSDA638）有开机电压输出，故排除机芯板有问题的可能。测电源板各路输出电压，发现插座CON4上12V电压输出电压失常，由于该机CPU开/待机正常，故判定故障在电源板上（如图4-8所示）。该机二次开机后，PW-ON电压是经过电阻加到Q204基极，Q204饱和导通，开关管Q203导通，从D极输出12V电压。测三极管Q204基极电压为0.61V，集电极电压为0V，说明Q204已饱和导通；再检测开关管Q203，发现其栅极电压失常，沿路检查，发现稳压二极管D206不良。

故障处理：更换D206后，故障排除。

提示 电源板型号090724939A，主板型号0090724751A。该机除待机时5V电压经过U11稳压输出3.3V供给CPU待机电路外，其余电压均由电源板输出的12V提供，经过多路稳压后输给对应电路。

例9 海尔LE50B5000W型液晶电视通电后指示灯亮，但不能开机

维修过程：首先测机芯板供电插座CN1的7脚（5V-STB）待机电压正常，但10脚电压不能由低电平变为高电平（4.5V），故判断故障在机芯板上（如图4-9所示）。工作时测机芯板上VDDC电压及FLASH、NORMAL、DDR 等供电电压是否正常，发现NORMAL的+5V电压不稳定，影响主芯片的晶振频率，经查为U11不良。

故障处理：该机是U11内部不良从而造成此故障，更换U11后故障排除。

提示 该机采用MSD6A628VX-XZ机芯。若测机芯板上CN1的7脚（5V-STB）无待机电压输出，则可判定故障在电源板上。该机芯板的特点是电源组件控制输出只有12V 输出电压送到主板上各DC-DC 块（U10 MSH6000A1、U9 MSH6000A）及三端稳压。

例10 海尔LE55A300N型液晶电视开机一段时间后自动关机

维修过程：电源板输出电压异常或主板（如图4-10所示）上的供电系统异常、存储器有问题等均会引起此故障。首先检查主板上电源变换芯片U1、U12、U15、

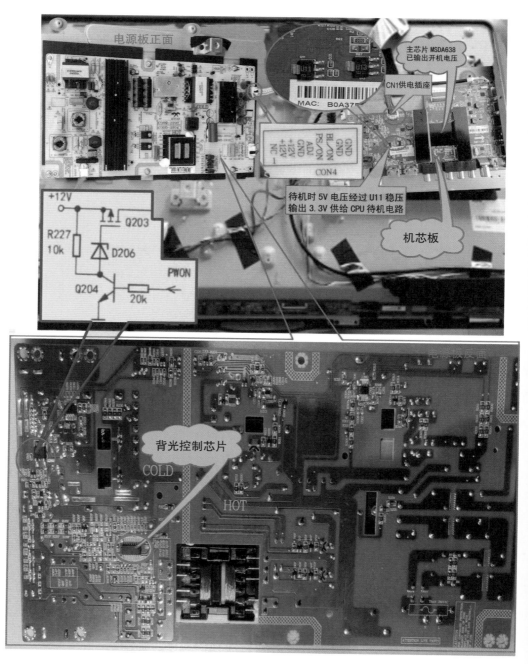

图4-8 电源板与机芯板

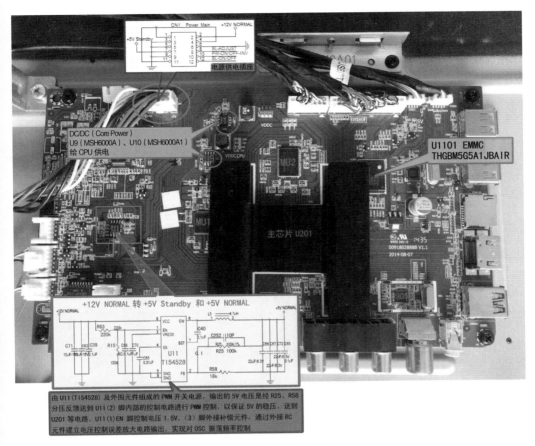

图4-9 机芯板实物图

U22及外围元件的电压。当故障出现时，测电容CA16的输出电压在2.31～3.57V来回跳变，检查U1（MP1482）及其外围元件，发现下拉取样电阻R33变值造成U1的5脚（电压反馈检测脚）电压不稳定，使3.3V输出电压也失常，从而导致此故障。

故障处理：该机为电阻R33不良引起此故障，更换电阻R33后故障排除。

提示 电源板输出5VSB、5V、12V等电压供给主板，再由主板上的电压变换电路将其变换为3.3V、2.5V、1.8V、1.26V等多组电压，供给各部分电路。若电源板输出电压偏低或波动，就会导致主板上电压变换电路的输出电压变化，从而引起CPU工作异常，出现自动关机或死机现象。该机采用MST6I78机芯。

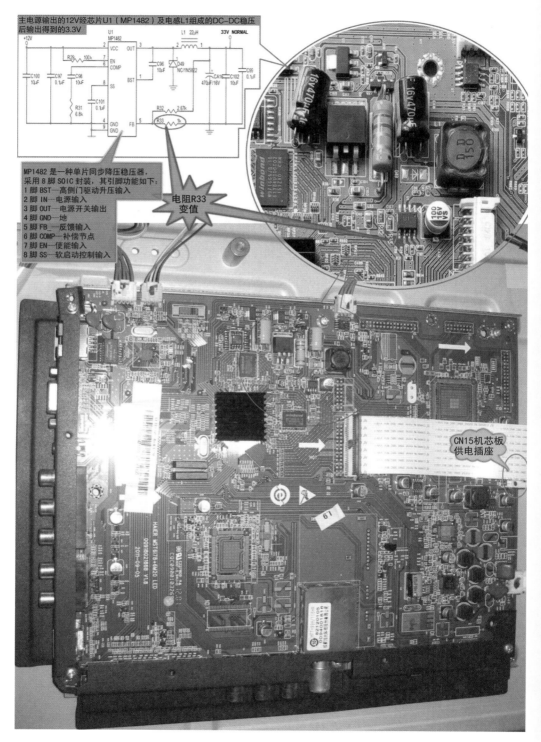

主电源输出的12V经芯片U1（MP1482）及电感L1组成的DC–DC稳压后输出得到的3.3V

MP1482是一种单片同步降压稳压器，采用8脚SOIC封装，其引脚功能如下：
1脚 BST—高侧门驱动升压输入
2脚 IN—电源输入
3脚 OUT—电源开关输出
4脚 GND—地
5脚 FB—反馈输入
6脚 COMP—补偿节点
7脚 EN—使能输入
8脚 SS—软启动控制输入

电阻R33变值

CN15机芯板供电插座

图4-10　主板与U1相关电路

例11 海尔LE55AL88U52W型液晶电视，通电后无指示灯亮，也不能开机

维修过程：出现此故障时，首先检测5V、12V电压是否正常；若有5V电压，则重点检查主板；若无5V、有12V电压，则检查电源板（如图4-11所示）上FB9102、U9101是否正常；若5V、12V电压均无，则检查Q9101是否正常；若Q9101正常，则检测C9802两端是否有390V电压；若有390V电压，则检查U9101及外围元件；若C9802两端电压失常，则检查Q9801、BD9901、R9801、FB8903、U9801等元件是否有问题。

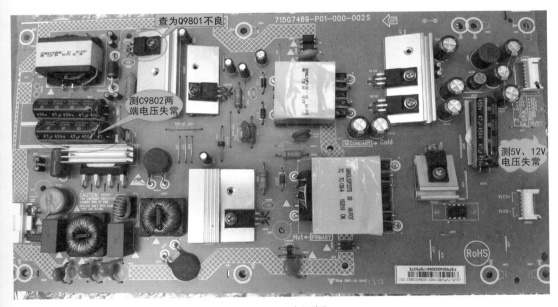

图4-11 电源板

故障处理：该例检查为Q9801不良，从而导致此故障，更换Q9801后故障排除。

提示 该机电源板型号为715G7469-P01-000-002S。

例12 海尔LED46Z300型液晶电视开机闪一下关机，再次开机故障依旧

维修过程：该机副电源输出5V和12V两组电压，主电源只输出一组70V电压给背光电路供电。另外，电源板上有由Q850和Q851组成的模拟晶闸管电路。开机检测电源板（如图4-12所示）上5V电压正常，但12V和背光70V电压随着屏跳变，短路

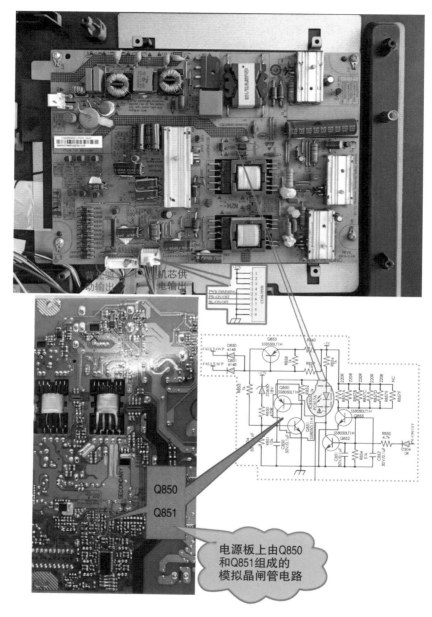

图4-12　检测电源板

光耦IC850的3、4脚后12V、70V电压正常；沿路检查IC850、Q852、Q855、Q850、Q851，发现Q850不良。

故障处理：更换Q850后，故障排除。

例13 海尔LED50A900型液晶电视黑屏，无背光电压输出

维修过程：开机检测主开关电源电路输出的各组电压（+5V、+12V、PFC 385V、+5VSB等电压）是否正常，若主电源输出的各路电压均正常，说明开关电源电路无故障，应重点检查背光电路。首先检测背光驱动电路板（如图4-13所示）供电电压，若背光驱动电路供电失常，则测U103（OB2263）PWM IC各脚电压及其外围元件是否有问题；若测背光驱动电路供电正常，则检测背光驱动控制电路芯片U5（OB3354）各脚电压是否正常，如有异常，则检查U5芯片异常脚周围

判断三极管和
场效应管

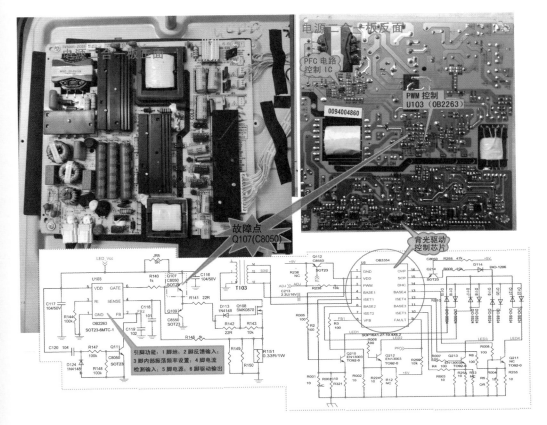

图4-13 电源二合一板实物与背光相关电路

元件是否有问题。

故障处理：本例检查为U103外围输出互补三极管Q107（C8050）不良造成此故障，更换C8050后故障排除。

 海尔LED50A900液晶电视电源板型号为TV5001-ZC02-01。

 例14 海尔LQ65S81型液晶电视背光不亮，无电压输出

用万用表检测晶体开关管

维修过程：该机由PWM芯片U1F（BD9211F）、开关管Q3F/Q1F、变压器T2F、隔离变压器T1F、肖特基二极管D3F/D4F/D5F/D6F等器件组成LED驱动线路。首先检测二极管D3F、D4F、D5F、D6F是否存在短路，若二极管正常，则测U1F的17、18脚是否有高频方波输出；若17、18脚有高频方波输出，则检查驱动元件R7F、R10F、C24F、C2F、T1F、R6F、R4F、R5F、D2F、Q4F、R2F、R1F、R3F、D1F、Q2F与开关管Q1F、Q3F是否损坏。若17、18脚无高频方波输出，则检测U1F的1脚电压是否大于8V、2脚电压是否大于2V、10脚电压是否大于1V；若1、2、10脚电压均偏大，则说明U1F芯片损坏；若1、2、10脚电压正常，则测U1F 1脚（供电端）外围元件R11F、R12F、ZD1F、Q5F，2脚（启动端）外围元件R14F、R16F、C4F和9、10脚（PWM调光）外围元件R30F、R28F、R25F、R24F、R21F、R20F是否有问题。LED背光相关电路如图4-14所示。

故障处理：本例查为功率管Q1F、Q3F损坏而引起U1F的17、18脚电压失常从而导致此故障，更换Q1F、Q3F后故障排除。

 背光驱动线路：主要把LED屏点亮，使电视显示图像。工作原理：当U1F的1脚VCC，2脚开启脚，10脚调光脚，达到满足要求，17脚与18脚输出方波，通过隔离变压器，经过Q1F、Q3F开关转换，通过T2F降压到D3F、D4F、D5F、D6F整流后，由R17F、R18F、R36F、R37F、R33F、R34F、R35F取样，反馈到5脚，输出恒定的电流给屏工作。

 例15 海尔LQ65S81型液晶电视通电后指示灯亮，也不能开机

维修过程：通电，测机芯板CN17的7脚输出的5VSTB待机电压是否正常，若无5VSTB电压输出，则说明故障在电源板上，重点检查电源板（如图4-15所示），目测电源板上无异常元件；若无明显异常，则用万用表检测电容EC107、EC109、EC110

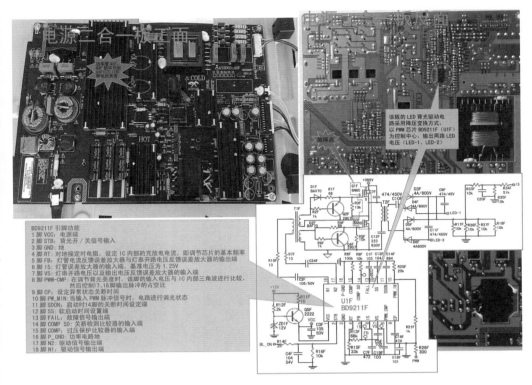

图4-14 LED背光相关电路

及CON5的5VSB输出端是否短路；若无短路故障，则测U100的5脚是否有高频方波输出；若测U100的5脚有高频方波输出，则检查U100外围元件R116、D103、开关管Q101等是否有问题。

若测U100的5脚无输出，则测U100的8、6脚电压是否正常，如8脚电压大于120V、6脚电压大于12V左右，可判断问题出在U100芯片本身；若测U100 8、6脚电压正常，则检查启动电路中D108、D109、R100、R101、R112、R113及PC100、U101等元件是否有问题。

故障处理：本例查为U100芯片内部不良，更换U100后故障排除。

提示 该机由U100芯片、Q101开关管、T100变压器、D101等元件组成5VSB电压输出线路，作用主要整机待机，并给CPU供电，工作原理：当U100的8脚输入启动与6脚VCC供电，达到满足要求，5脚将输出方波，Q101进行转换，T100储能并通过D101整流滤波后，通过U101三端稳压器取样，由PC100反馈到U100的2脚，经过芯片内部处理，输出的方波使开关管Q101导通时间的长短进行调整，输出稳定的5V电压。

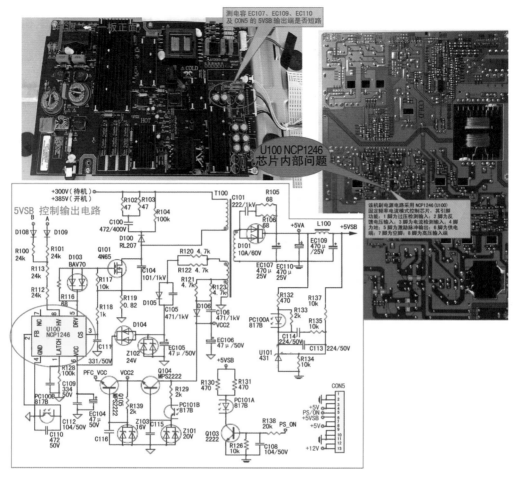

图4-15　电源板（AY205D-4SF01）与5V待机控制输出电路

例16　海尔LS49AL88A92型液晶电视开机后图像正常，但无伴音

维修过程：由于该机图像正常，故判断问题出在伴音功放电路（如图4-16所示）。首先检查功放UA1（TAS5707）本身是否存在虚焊及连焊现象，然后检测伴音功放UA1的12V供电、左右输出、MCLK和SCLK信号等是否正常；若UA1功放某脚存在异常，则检查异常脚外围元件是否有问题；若检查外围元件均无异常现象，则可判断UA1本身损坏。

故障处理：该机为功放块TAS5707本身有问题而引起此故障，更换TAS5707后故障排除。

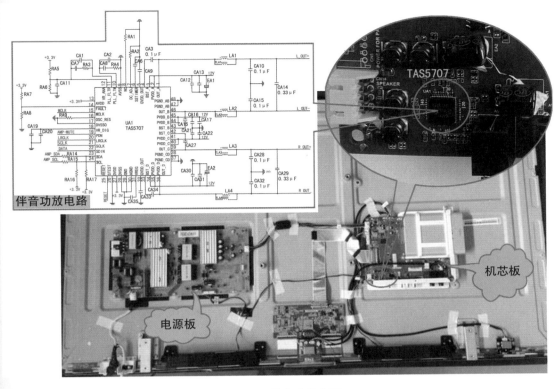

图4-16　伴音功放电路

提示 该机功放TAS5707为高效率的D类放大，不需要外部安装散热片，内部设有静音电路及过热、过载保护。该机采用T101+T866机芯，主板型号为PL.AMT101.1，配屏HV490QUB-B00。

例17 海尔LS55A31型液晶电视通电后指示灯不亮，也不能开机

维修过程：出现此故障时，首先外观检查PCB及电源板（如图4-17所示）是否存在异常现象（如MOS管、电源IC、光耦等是否有明显损坏，电容是否存在漏液，电阻是否烧黑等）；若目观检查无问题，则用万用表检测AC电压输入是否正常（正常值在130~264V），AC输入回路中元件是否有问题（如F1熔断、VR1损坏、BG1击穿、EC100和EC101大电解电容炸坏等）；若AC输入回路正常，则检测+5VSB电压输出是否正常，确认是否有OVP、OCP、AC Down等保护动作，检查由U100及外围元件组成的5V待机电路是否有问题（如测U100 5脚VCC是否对地短路，VCC启动电压是否达到16V，启动之后VCC电压是否大于10V等）；若+5VSB电压输出正常，则

打开PS-ON后测12V是否有输出，检查12V电路是否有问题[如检测Q203（MOS管）的G极电压是否正常，Q200、Q201、Q203、D202等元件是否损坏等]。

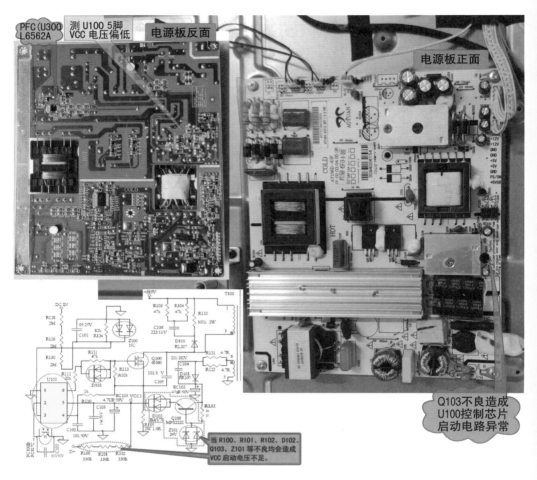

图4-17　电源板

故障处理：该机检查为Q103不良造成U100控制芯片启动电路异常，导致启动电压不足（U100的5脚VCC电压偏低），使5VSB无电压输出，从而导致此故障，更换Q103后故障排除。

提示　当R100、R101、R102、D102、Q103、Z101等不良均会造成VCC启动电压不足。该机电源板型号为AY156D-4SF19，采用RTD2995机芯。

例18 海尔U70H3型液晶电视开机后伴音正常，无图像，但多次开关机后有时能正常

维修过程： 开机观察该机背光点亮，故怀疑问题出在机芯板、逻辑板或液晶屏。测逻辑板12V输入电压仅为7.12V，故判断故障出在上屏电压控制电路（如图4-18所示）。测控制管Q33的1～3脚电压为稳定的12V，4脚为11V（偏高），检查Q18基极为0.69V，集电极为0.12V，说明Q18工作正常；断电后测R243、R244正常，再沿路检查发现Q33不良。

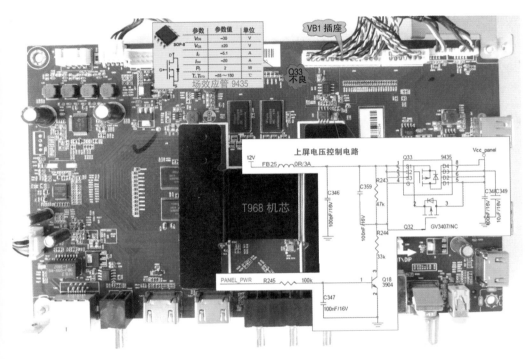

图4-18 主板与上屏电压控制电路

故障处理： 该机为控制管Q33（9435）不良导致此故障，用AO4435型MOS管（25V、8.8A）换上后试机，故障排除。

提示 上屏电压控制电路中Q18、Q33 为控制管，开机后主芯片输出PANEL_PWR信号为高电平，Q18 导通，12V经过R243、R244分压后送到Q33 源极和栅极产生压差，使Q33 饱和导通，12V 电压经Q33 源极、漏极，经VB1 插座送到屏上的控制板，作为屏Tcon 板的工作。该机采用T968机芯。

第二节　长虹液晶电视的故障维修

例1　长虹3D42C2000i液晶电视通电后指示灯不亮，也不能开机

维修过程：测电源板（如图4-19所示）上插座CON102上的12.3V输出电压为0V，检查由U101（NCP1251A）、大功率MOSFET开关管Q201、变压器T101等元件组成的振荡形成电路，发现Q201漏极电压有300V，但U101 5脚（提供启动电压）供电为12V跳动，经查为U101本身有问题。

故障处理：更换U101（NCP1251A）后故障排除。

提示　该机采用ZLM41G-IJ机芯，电源板型号为HSM30D-8M3。该电源板由开关电源和LED背光灯驱动电路两部分组成，其中开关电源以驱动控制电路NCP1251（U101）、开关管Q201、变压器T101、稳压电路误差放大器U302（AZ431）、光耦N202（PS2561）为核心组成，通电后启动工作，一是产生35V整流电压，为LED背光灯升压电路供电；二是产生12.3V电压，为主板等负载电路供电，经开／关机电路控制后输出VIR电压，为背光灯驱动电路供电。

例2　长虹3D42C3000i型液晶电视开机黑屏

维修过程：首先检测电源二合一板（如图4-20所示）各路输出电压，发现背光输出电压（36V）失常，但开关电源输出电压正常，重点检查背光供电电路。测背光电路供电D304、D306的正反向阻值偏低，试取下Q401，断开整流二极管D304、D306检测正常，沿路检查发现吸收电容C304（1kV/471）短路。

故障处理：更换电容C304后故障排除。

提示　先将主板与电源板的所有连接线断开，拔掉电源插头，再重新插上测量12.3V、36V是否有输出，若有输出，说明主板存在短路现象，若依旧没有输出，说明是电源板本身的问题。

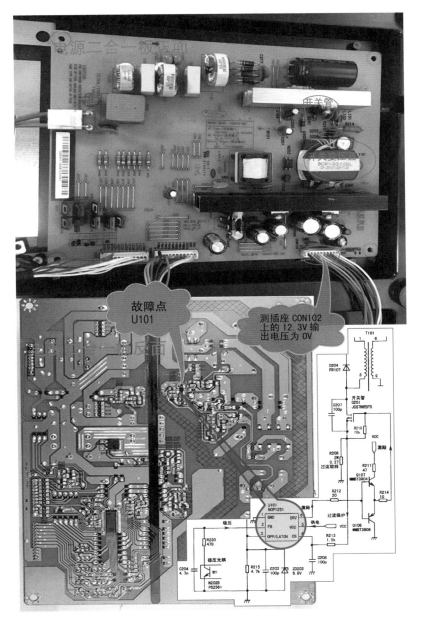

图4-19 电源二合一板实物与电源部分

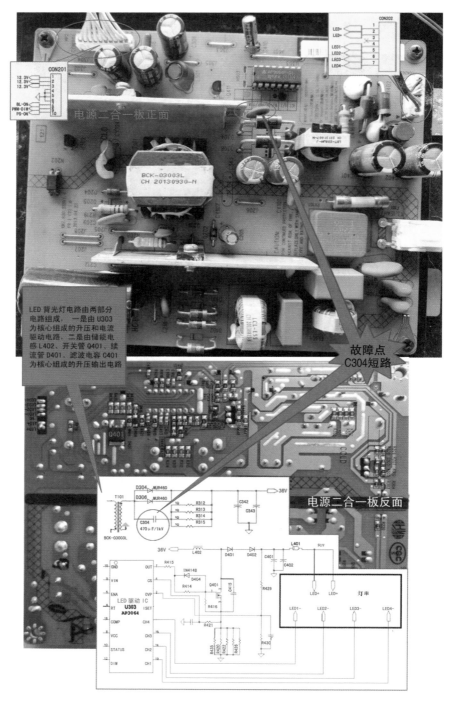

图4-20 电源二合一板（HSS35D-4M9）实物与背光电路

图解液晶电视机维修一本通

长虹3D42C3000i型液晶电视通电后指示灯亮，按遥控器开关机键后指示灯闪烁，屏背光灯亮，但无图无声

维修过程： 测电源板电压12V正常，主板中经12V降压产生的5V电压也正常，但测上屏电压12V为0V。上屏电压12V是经U6（AOZ4803）控制输出的，检测U6及外围元件，发现U6已开裂损坏，5、6脚对地阻值仅为7.8Ω，故怀疑12V电路负载存在短路。取下主板与逻辑板的连线（屏线）短路现象依旧存在，再检测逻辑板供电控制电路U22及其外围元件，发现当取下贴片电容CA20时5、6脚对地阻值恢复正常。主板实物与相关电路如图4-21所示。

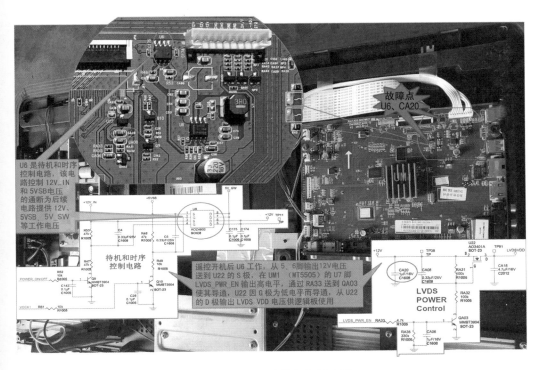

图4-21　主板实物与相关电路

故障处理： 本例问题出在贴片电容CA20和U6上，更换U6（AOZ4863）和CA20（1μF/16V）后故障排除。

提示 该机采用ZLM41G-IJ机芯，主板型号为JUC7.820.00078827。当出现不能开机故障时，首先判断故障是在主板还是在电源，观察面板指示灯，如果不亮，故障一般发生在开关电源；若面板指示灯亮，二次开机整机仍不工作，故障可在开关电源，也可在主板。

例4 长虹3D55A5000iV型液晶电视开机后有图像，但无伴音

维修过程：出现此故障时，首先检测主板（如图4-22所示）上J26、J24是否有输出；若有输出，则检查扬声器是否有问题；若J26、J24无输出，则检测功放UA4（TAS5711）的+24V供电是否正常；若+24V供电失常，则检查供电电路；若+24V正常，则检查UA4的25脚复位电压是否正常；若25脚电压失常，则检查主芯片UM1（MT5502）工作是否正常；若25脚电压正常，则检查UA4的20、21、22脚是否有输入；若20、21、22有输入，则说明问题出在UA4功放电路；若20、21、22脚无输入，则检查主芯片MT5502是否有I²S输出。

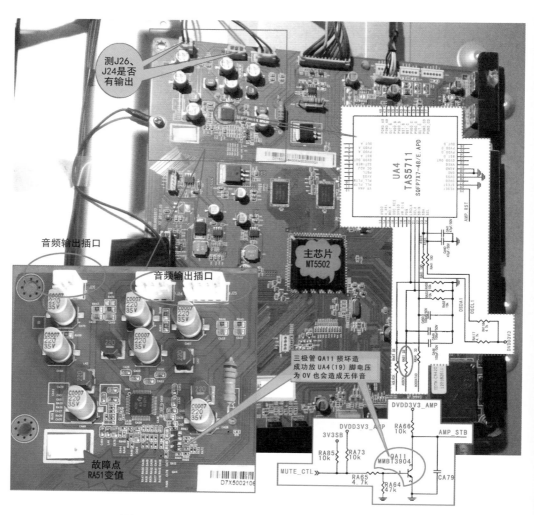

图4-22 主板（JUC7.820.00055577）与功放电路

故障处理：本例检测为电阻RA51变值造成功放UA4的22脚无SCLK输入（其他两组I²S信号正常）从而导致此故障，更换RA51后故障排除。

提示 该机采用LM38iSD机芯，伴音信号流程是AV1、AV2、YPbPr和VGA输入的音频信号，高频头输出的TV IF信号、HDMI和USB输出的数字音频信号直接进入主芯片MT5502进行DSP处理，主芯片进行ADC、DSP等处理后输出I²S信号送伴音功放（TAS5711），经功率放大后输出到扬声器。

例5 长虹3D55A7000i型液晶电视通电后指示灯亮，但不能开机

维修过程：测主板上插座J7的5脚有5VSB电压，1、2脚有24V，6、7脚有5V电压，说明电源板输出电压正常，重点检查主板（如图4-23所示）。检测主板各级供电电路，发现U02 2脚3.3V无电压；由于3.3V电压来自U22，故检测U22，发现U22无5V输出电压，但1、2脚5V输入电压正常，检查外围电容CA13正常，故判断U22本身性能不良。

故障处理：更换U22后故障排除。

提示 该机采用LM38ISD机芯，主板型号为JUC7.820.00055577。

例6 长虹3D55B4500I型液晶电视通电后指示灯不亮，整机无反应

维修过程：首先检测输入部分电路是否正常，仔细检查后发现主板前级供电电路中有AC220V输入，保险通断正常。其次检测12.3V电压，发现电压仅为1.15V，测IC1（LD7538）各脚电压，5脚（VCC）电压正常，而2脚电压为0V；测Q4基极有0.62V电压，说明交流检测电路已工作；短接Q3的c、e极，开机检测12.3V正常，沿路检查发现电容C10（100n/50V）漏电使Q3基极无电压，从而导致此故障。电源板实物与相关电路如图4-24所示。

故障处理：更换电容C10后故障排除。

提示 该机采用LM41IS机芯，电源板型号为JCM40D-4MD。该电源的工作流程：通电后，电源板上的副电源工作，输出12.3V电压供给主板，经主板DC/DC转换后为主板上的CPU供电，CPU得到工作电压后按预先设定好的程序进入待机工作状态。

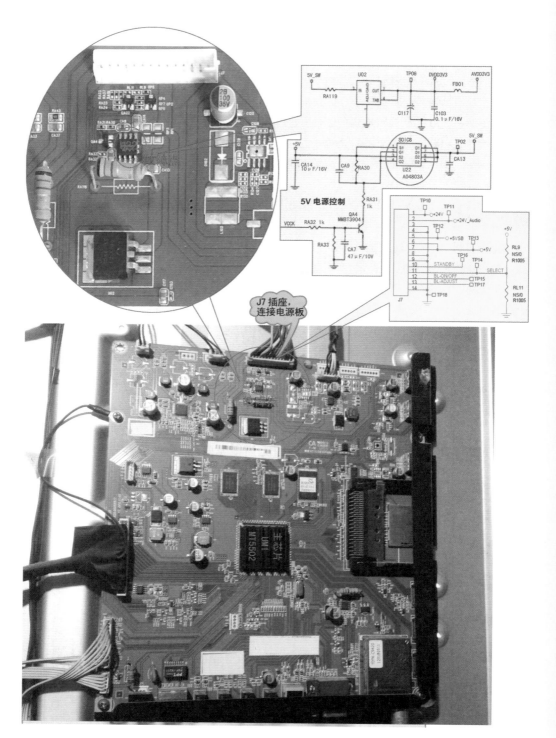

图4-23 主板与相关电路

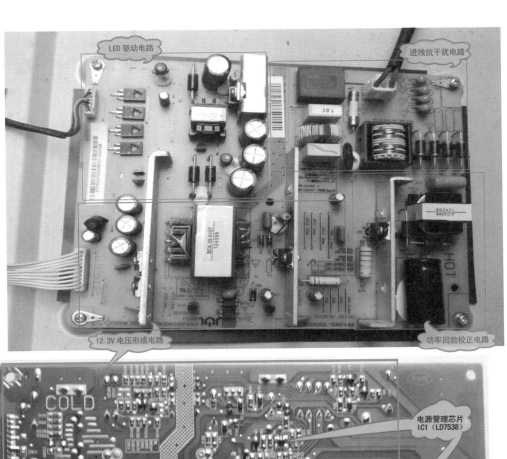

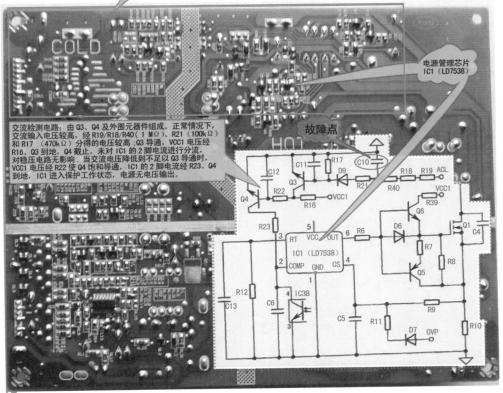

交流检测电路：由Q3、Q4及外围元器件组成。正常情况下，交流输入电压较高，经R19/R18/R40（1MΩ）、R21（100kΩ）和R17（470kΩ）分得的电压较高；Q3导通，VCC1电压经R16、Q3到地，Q4截止，未对IC1的2脚电流进行分流，对稳压电路无影响。当交流电压降低到不足以Q3导通时，VCC1电压经R22使Q4饱和导通，IC1的2脚电流经R23、Q4到地，IC1进入保护工作状态，电源无电压输出。

图4-24　电源板实物与相关电路

例7 长虹3D55B4500I型液晶电视通电后指示灯亮，遥控二次开机后无光

维修过程：由于该机二次开机后背光不亮，故说明故障可能是主板发出的控制信号（BL-ON、PWM DIM）不良、LED背光灯板驱动不良或屏背光灯板有问题。检修时，首先检测BL-ON、PWM DIM上有正常的4.7V电压；再将电源板的背光输出CON3接到专用LED负载上，发现指示灯不亮，故判定故障是LED背光灯板驱动不良。二次开机后测VLED电压为66V，与输入的60V端电压一致；检测ICL1的11脚有12V电压、1脚（使能控制）信号正常、2脚有4V电压，但开机瞬间测10脚输出电压为0V，检查其外围元件，发现QL1（ME20N20）损坏、RL18（0.1Ω）开路、ICL1（PF7001S）本身不良。电源二合一板及LED背光相关电路如图4-25所示。

故障处理：更换QL1、RL18、ICL1后故障排除。

提示 该机采用LM41IS机芯，电源板型号为JCM40D-4MD。背光控制电路是由QL9～QL11、ICL1及外围元器件组成。二次开机后，PS-ON信号由低电平变成高电平，BL-ON信号也由低电平变成高电平；此时，QL9截止，QL10导通，QL11由于基极有电流流出而导通，电压经QL11加到ICL1 11脚；同时，该电压经RL5和RL25分压后，加到ICL1的1脚（使能输入脚），ICL1进入工作状态。

例8 长虹3D55C2080i型液晶电视不能开机

维修过程：拆开机壳，开机检测各路电源，发现无12V电压输出。检查12V整流管、300V和进线电路均无异常现象；检测U101（NCP1251ASN65T1G）各引脚电压，发现6脚为0V、5脚电压在12～13.9V跳变（正常值16V）；拆掉U101，测5脚（为芯片提供工作电压）电压仅为7.8V明显异常，说明供电电路有问题，逐步检查供电电路中稳压管ZD202、R208、Q102等元件，发现Q102性能不良。电源二合一板与相关电路如图4-26所示。

故障处理：更换Q102后故障排除。

提示 该机采用ZLM41A-iJ型，电源板型号为HSL35D-8M7（160）。

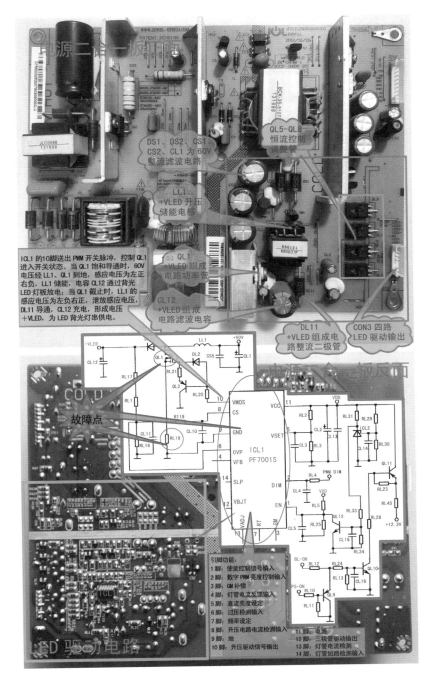

ICL1的10脚送出PWM开关脉冲，控制QL1进入开关状态。当QL1饱和导通时，60V电压经LL1、QL1到地，感应电压为左正右负，LL1储能，电容CL12通过背光LED灯板放电；当QL1截止时，LL1的感应电压为左负右正，泄放感应电压，DL11导通，CL12充电，形成电压+VLED，为LED背光灯串供电。

DS1、DS2、CS1 CS2、CL1 为 60V 整流滤波电路

QL5~QL8 恒流控制 调整管

LL1 +VLED 升压 储能电感

QL1 +VLED组成 电路功率管

CL12 +VLED组成 电路滤波电容

DL11 +VLED组成电路整流二极管

CON3 四路 LED 驱动输出

引脚功能：
1 脚：使能控制信号输入
2 脚：数字 PWM 亮度控制输入
3 脚：GM 补偿
4 脚：灯管电流反馈输入
5 脚：直流亮度设定
6 脚：过压检测输入
7 脚：频率设定
8 脚：升压电路电流检测输入
9 脚：地
10 脚：升压驱动信号输出
11 脚：电源
12 脚：三极管驱动输出
13 脚：灯管电流检测
14 脚：灯管短路检测输入

图4-25 电源二合一板及LED背光相关电路

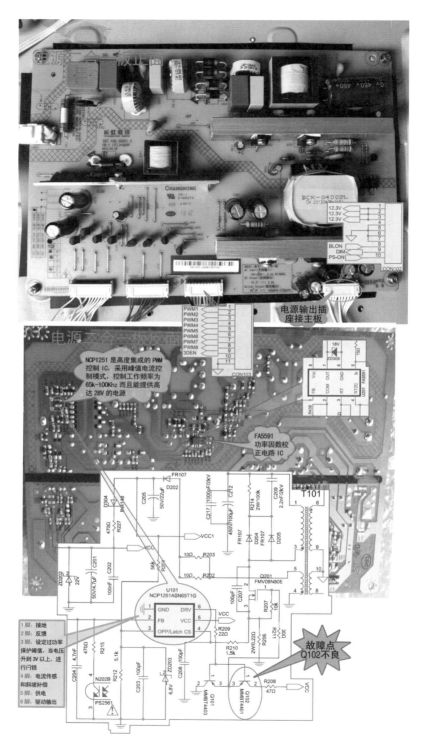

图4-26　电源二合一板与相关电路

长虹3D55C2080i型液晶电视通电后指示灯亮，遥控开机时有声音，但背光不亮

维修过程：首先检测上屏供电和背光控制信号（BL-ON）正常，再测量LED+电压，发现仅为36V（正常驱动输出为65V），故判断问题出在背光LED恒流驱动电路。检查振荡管Q401（MOS管 TK15A20）正常，测背光驱动芯片U303（BD9479FV）各脚电压，发现40脚无12.3V供电，沿路检查Q403（DMN601K）、Q409（2N4403）、C413、R435、R401等元件，发现电阻R401损坏造成Q403的控制极电压失常（正常值为2.79V）。相关电路及实物如图4-27所示。

故障处理：更换R401后故障排除。

提示 该机采用ZLM41A-iJ机芯，电源板型号为HSL35D-8M7（160）。背光一闪即灭故障，一般控制电路与升压电路正常，而故障点在：电源板LED驱动电路异常引起保护、LED灯串开路短路。

例10 **长虹50Q3T型液晶电视开机后有声音，但无图像**

维修过程：该故障应重点检查TCON电路（如图4-28所示），首先检测VGH、VGL等电压是否正常，若测R505T处VGL电压失常（正常时应为-10.6V），则查U804T（PMIC）13脚（电流检测反馈输入）、14脚（VGL开关脉冲输出去开关管U55T的G极）、17脚（FB反馈输入）外电路元件是否有问题；若测R900T处VGH（VGH1T）电压为15V（正常值应为30V），而测VDA电压正常，则检查U56T、U804T及其30脚过流检测电阻R605T、储能电感L5T、D804T、C532T、C533T等元件是否有问题。

若测得VGH、VGL等电压均正常，则检查U3T（MST7665）的工作条件是否具备。测L16T～L18T的1.8V，L1T、L14T、L15T处3.3V，L2T、L11T～L14T处1.2V电压是否正常；检查U3T的复位电路元件R270T、C285、R272T是否正常，U3T时钟振荡Y1T（12MHz）晶体是否正常；若供电和晶振、复位均正常，则检查存储器是否有问题。若以上检测均正常，则检测主芯片UM1（MT5520）与U3T（画质处理电路）之间的V-BY-ON信号通道上电容CL36～CL47、C57T～C84T、电阻R59、R60T、R66T、R67T等是否有问题。

故障处理：本例查为U3T外接存储器U204T（25Q32，逻辑板FLASH数据块）数据有变，重新烧写存储器数据后，故障排除。

提示 该机采用ZLM65HiS2机芯，主板型号为 JUC7.820.00156920。

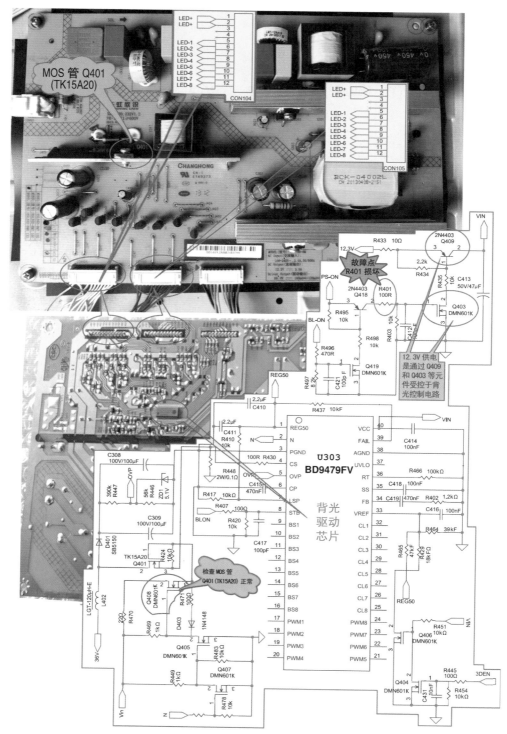

图4-27 相关电路及实物

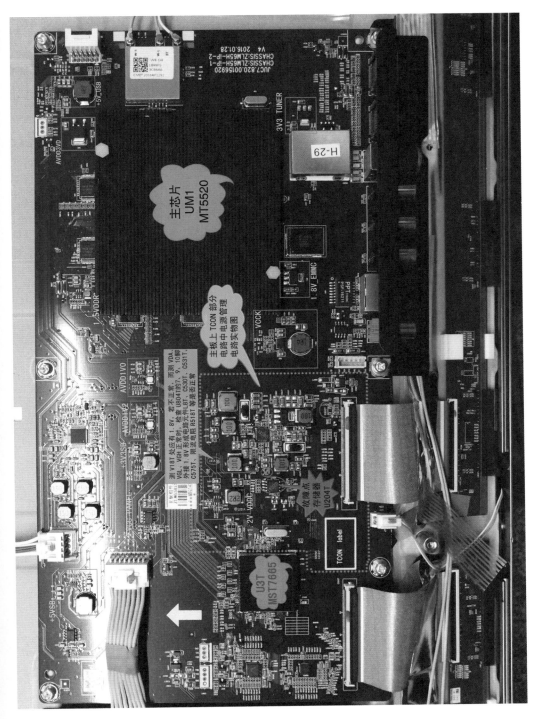

图4-28　主板实物图

维修过程：出现此类故障时，首先怀疑问题出在逻辑板上，但对逻辑板进行逐步检查未发现异常；再检测主板，检测主板上每组LVDS信号输出的对地电阻是否有问题；若对地电阻值正常，则检测主板的上屏线及排插是否有问题。主板与逻辑板实物如图4-29所示。

故障处理：本例故障是主板的上屏线插座（J52）其中一脚虚焊，补焊后故障排除。

提示 该机主板型号为JUC7.820.00145188，机芯型号为ZLM61H-iP。

例12 长虹55Q3T型液晶电视通电后不能开机，指示灯不亮

维修过程：拆开机壳，首先观察电源板上元件是否存在明显异常；若无异常，则检查熔断器FP101（5A/250V）是否熔断；若FP101熔断，再检查12.3V电压形成、PFC（功率因数校正电路）及LED驱动电路是否短路。经查为LED驱动部分的背光供电开关管QP204、QP206短路，RP425变值、DP404（MUR460）不良。图4-30所示为电源二合一板及相关电路。

故障处理：更换熔断器FP101、RP425、DP404，并用MDF5N50F型场效应管代换QP204、QP206后故障排除。

提示 该机电源板型号是JUC7.820.00157001（DMTM50D-1SF560-LLC），采用ZLM65HiS2机芯。二极管DP404～DP407（MUR460）不良，加之本板输出的背光LED＋电压较高（可达165V）、输出电流较大（可达570mA），因此，DP404～DP407易出现击穿现象，从而造成背光供电电路负载过重，致使QP204、QP206击穿，并连带损坏熔断器FP101（或者PFC电路开关管及其他元件）。

例13 长虹55Q3T型液晶电视通电后开机工作正常，但按遥控待机后，本机按键和按遥控键开机均无反应

维修过程：测电源板上PFC电压正常，故说明问题出在主板上。测主板输出的开机信号PS-ON（3.3V）正常，但BL-ON/OFF和BL-ADJ信号电压异常，检查主板上

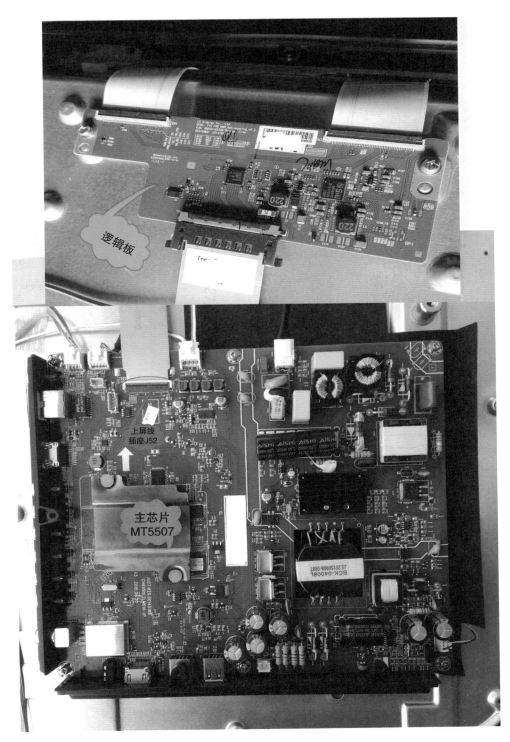

图4-29 主板与逻辑板实物

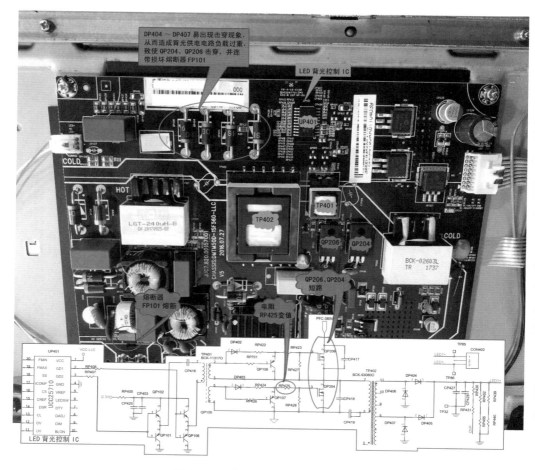

图4-30　电源二合一板及相关电路

的开/关机控制电路中DD1、DD2、QD1、RD87等元件，发现QD1损坏。主板实物与开/关机控制电路如图4-31所示。

故障处理：更换QD1后，故障排除。

 该机主板型号为JUC7.820.00156983，采用ZLM65H-i-1机芯。

例14 **长虹55Q3T型液晶电视通电后能开机，但背光闪烁**

维修过程：开机检测PFC电压约为310V，说明PFC电路（如图4-32所示）未工作。首先检查PFC电流检测电阻RP223是否正常，RP223与贴片电阻RP508（47Ω）之间是否有问题；然后检查5.1V稳压二极管ZDP307（BZT52C5Vl）是否良好，PFC

控制芯片UP202（FA1A00N-C6-L3）是否有问题。

　　故障处理：本例查为UP202本身有问题而导致此故障，更换UP202后故障排除。

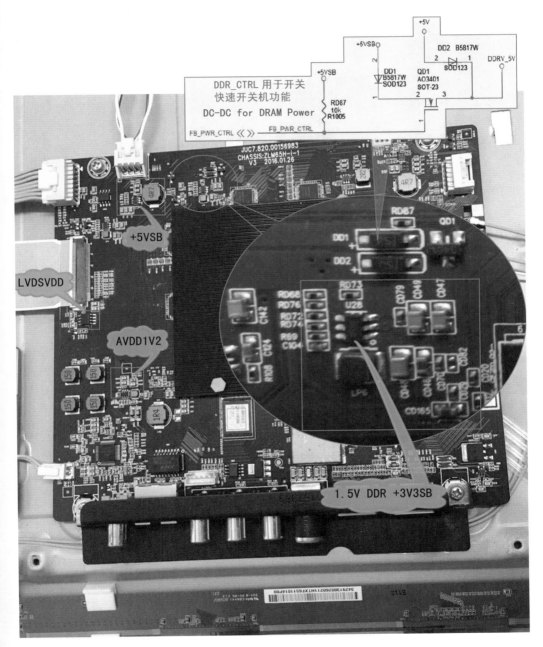

图4-31　主板实物与开/关机控制电路

电阻 RP223 与贴片电阻 RP508（47Ω）之间的铜箔非常细，极易腐蚀断路，当出现腐蚀断路时可用一段导线代替此段铜箔，以免故障复发

反馈控制信号输入 FB — 供电端
误差放大补偿 COMP — 输出端
外接定时电阻 RT PFC控制芯片 UP202（FA1A00N-C6-L3）地
过压保护 OVP — 电流检测输入

图4-32　PFC电路板实物

> **提示**　该机电源板型号是JUC7.820.00157001（DMTM50D-1SF560-LLC），采用ZLM65HiS2机芯。RP223与贴片电阻RP508（47Ω）之间的铜箔非常细，极易腐蚀断路，当出现腐蚀断路时可用一段导线代替此段铜箔，以免故障复发。

例15 长虹55Q3T型液晶电视通电后整机呈"三无"状态

　　维修过程：首先检查熔断器FP101是否熔断，PFC开关管QP205（MDF11N60）

也击穿。检查PFC电路中UP202（FA1A00N-C6-L3）、贴片电阻RP231（10Ω）与RP230（68Ω）、二极管DP205（1N4148W）及18V稳压二极管ZDP308（BZT52C18）等元件，发现PFC电流检测电阻RP223（0.15Ω/2W）开路、ZDP308损坏。图4-33所示为PFC相关电路。

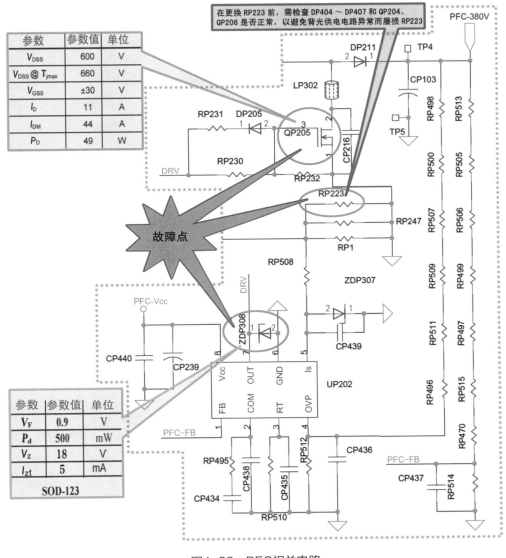

图4-33　PFC相关电路

故障处理：更换FP101、QP205、RP223、ZDP308后故障排除。

例16 **长虹65D3P型液晶电视开机后无图像**

维修过程：如图4-34所示，首先检查上屏的连接线及插座是否良好，然后测J1200插座的1～4脚有无12V电压；若无12V电压，则检查1～4脚相连部分电路及电源板是否有问题；若有12V电压，则检测TP99处是否有5V_Standby电压，若5V_Standby 电压正常，则检查U10（DC-DC）及其外围元件是否有问题。再检测J1200插座13脚是否为高电平（确认背灯是否打开），15脚有无电压（确认DIM是否有电压）；测插座JPA1处有无12V电压，无12V电压则检查U21（4803）及其外围元件是否有问题。

故障处理：本例故障为上屏的连接线未接好而造成此故障，重新接好上屏线即可。

提示 该机机芯型号为ZLH-74G-i，主板为JUC7.820.00189935。

例17 **长虹65D3P型液晶电视开机后有图像，但无伴音**

维修过程：首先检查扬声器是否正常，当扬声器正常，则重点检查由UA4（TAS5719）组成的功放电路（如图4-35）。测量UA4的35、46脚（供电端）电压是否正常，若35、46脚电压失常，则检查供电电路和电源模块；若35、46脚电压正常，再检测UA4的19脚电压是否为高电平，若19脚电压失常，则检查RA65、RA66；若19脚电压正常，则检查UA4的23、24脚的I²C是否连接正常、I²S输入信号是否正常；若I²S输入信号失常，则检查I²S电路是否有问题及主芯片U1（Hi3751ARBCV551）是否存在虚焊；若I²S输入信号正常，确认RESET、MUTE脚功能是否正常、UA4本身是否有问题。

故障处理：本例检查为功放UA4（TAS5719）23、24脚外围电容CA40漏电造成SCL电压为0V，从而导致此故障，更换CA40后故障排除。

 该机机芯型号为ZLH-74G-i，主板为JUC7.820.00189935。

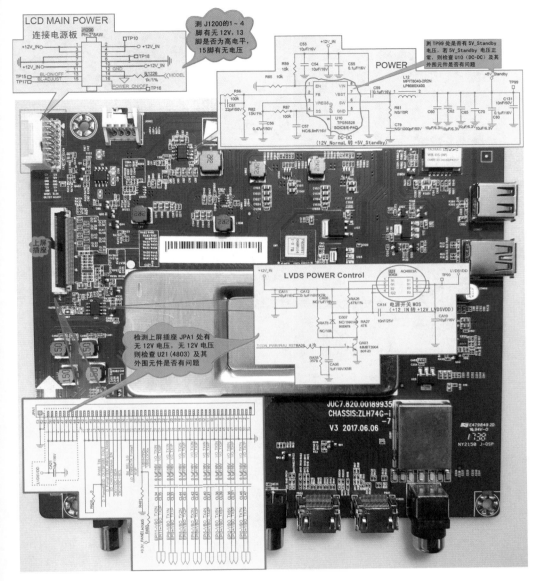

4-34 开机后无图像故障相关实物与电路

例18 长虹LED48C2080i型液晶电视通电后有指示灯、有声音，但黑屏

维修过程： 通电测主板输出的BL-ON、ADJ信号电压正常，说明控制信号正常，测电源板背光输出插座的LED+端为0V，断开灯条供电排线再测，LED+端仍为0V，故判断由U5（UCC25710）组成的LED背光驱动电路没有工作。测U5的1脚有12.3V

图4-35 主板与功放电路

电压、5脚有5V基准电压，检查11脚（LED供电低压检测端）及外围元件RS52、RS37、RS38、RS57均正常，12脚（过压保护端）及过压检测电路中的RS39、RS40、RS58均正常，故判断故障在恒流控制电路，经逐步检查，发现灯电流检测电阻RS51开路。电源二合一板实物与相关电路如图4-36所示。

故障处理：更换RS51后故障排除。

提示 该机采用LM41机芯，电源二合一板型号为JCL35D-1MK400。U5的6脚输出灯电流控制信号，经QS8、QS9推挽放大后控制QS1的导通程度来控制灯电流，同时灯电流又经RS16反馈给U5，以实现LED工作电流的闭环控制。

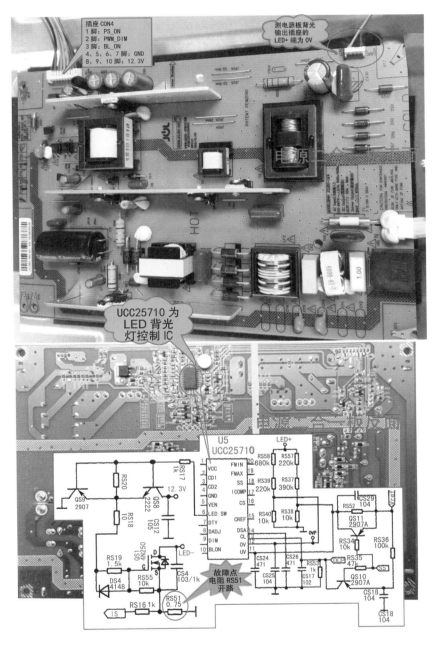

图4-36　电源二合一板实物与相关电路

例19 长虹LED48C2080i型液晶电视通电指示灯亮，但不能二次开机

维修过程：首先检测开关电源输出的待机电压是否正常，若有5V电压输出，则检测电源板输出的主电压是否正常；若测得主板有开机信号发出，说明电源板输出的主电压正常，此时再检查电源板上的PFC电压是否正常；若PFC电压正常，则检查由U701（CAT4026）及外围元件组成的背光驱动电路是否正常；若背光驱动电路正常，则检查主板上5V、3.3V或CPU内核供电电压，以及存储器与主芯片之间的通信线路是否有问题。电源二合一板与相关电路如图4-37所示。

故障处理：该机检查为背光驱动电路中D601（UF5408）短路造成LED+电压为0V从而造成此故障，更换D601后故障排除。

提示　该机采用ZLM41G-IJ机芯，电源二合一板型号为HSM35D-3MC。该机的LED背光驱动电路主要由集成电路U501（NCP1251）、U701（CAT4026）及外围元件组成，U501及外部元器件组成40V电压形成电路（该部分电路称为主电源），仅给LED灯串供电。此40V电压为LED驱动电路未工作时所有，在LED驱动电路正常工作后，40V电压会升到约120V。

例20 长虹LED55C2000i型液晶电视通电后指示灯不亮，整机无反应

维修过程：拆开机壳，检查发现熔丝F101（T3.15A/250V）已熔断、12V电压形成电路中的场效应管Q101（8N65）击穿、过流检测电阻R122（0.47Ω/2W）开路，将损坏件全部更换后试机，发现Q101又损坏。检查驱动脉冲集成电路U101（NCP1271A）及外围元件均无异常，再检测变压器T101外围元件，发现4、6脚间的消振电容C103已开路。图4-38所示为电源二合一板实物及相关电路。

用万用表检测场效应管

故障处理：更换C103后，故障排除。

提示　该机电源板型号为HSL35D-2MC，机芯型号为ZLM41AIJ。

例21 长虹LED55C2080i型液晶电视开机后黑屏，背光不亮

维修过程：通电，先检测电源板上电压为12.3V正常，说明开关电源部分基本正常，应重点检查背光电路。测背光驱动供电电容CL2、CL3处有70V电压，LED灯

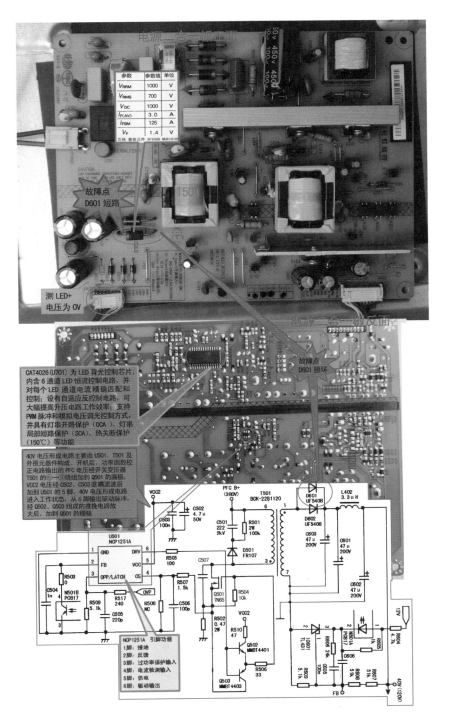

图4-37　电源二合一板与相关电路

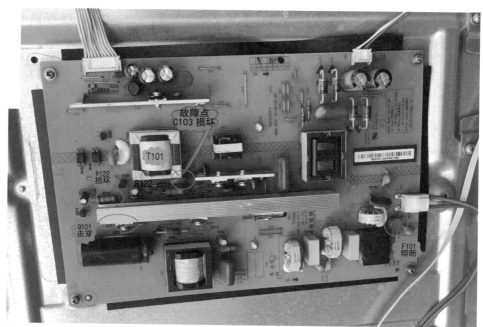

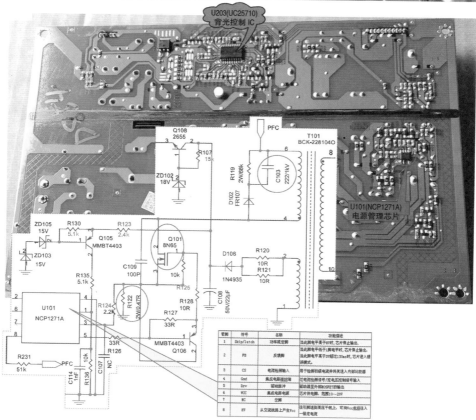

图4-38 电源二合一板实物及相关电路

串的LED＋电压为72.5V（正常值应为120V左右），故判定故障在二次升压电路。检测IC1（PF7001）各脚电压，发现12脚电压失常，沿路检查发现12脚外围三极管QL8（2222A）不良。电源二合一板与背光控制相关电路如图4-39所示。

故障处理：更换QL8（2222A）后故障排除。

 该机电源板型号为JCL35D-2MC 400。当灯条损坏后也会出现黑屏故障，在更换灯条时，注意不要将灯条供电插排线的顺序颠倒，以免烧毁灯条。

 例22 长虹LED55C2080i型液晶电视通电后指示灯不亮，整机呈"三无"状态

维修过程：首先检测电源板上各路输出电压，发现+12.3V电压无输出，PFC电压为300V，说明PFC（功率因数校正）电路没有工作。其次测得PFC电路振荡集成电路IC5（LD7538）5脚（供电端）电压为12.5V且不稳定，检查5脚外围R81、R82、C19等元件均正常；沿路检查，发现当断开R83、R84后，有12V电压输出且机子能工作，故判定问题出在2、3脚外电路。检测IC5的2、3脚（外接AC220V掉电检测电路）及外围Q9、Q10、D10、R49～R51等元件，发现电阻R49～R51下面的固定胶漏电。电源二合一板及相关电路如图4-40所示。

故障处理：将R49～R51电阻下面的胶去除后故障排除。

 该机电源板型号为JCL35D-2MC 400。液晶电视出现"三无"故障的原因是主开关电源未能输出＋12V直流电压。检查时，先通电开机，通过观察红色指示灯是否点亮来判断，指示灯不亮一般是电源集成电路损坏或未能起振工作所致。

 例23 长虹LED65D10TS型液晶电视通电后整机无反应

维修过程：首先拆开机壳，检测电源板输出到主板电压是否正常；若主板上没有接收到电源板电压，则说明问题出在电源板（如图4-41所示）。其次检测主电压电路谐振控制芯片U401（NCP1393）及其外围元件组成，发现1脚（供电端）电压偏低，导致U401启动后不能正常工作而停振，检查为升压电路外接二极管ZD401击穿、MOS管（Q401、Q402）损坏。

故障处理：更换ZD401和MOS管（AOTF8N50）后故障排除。

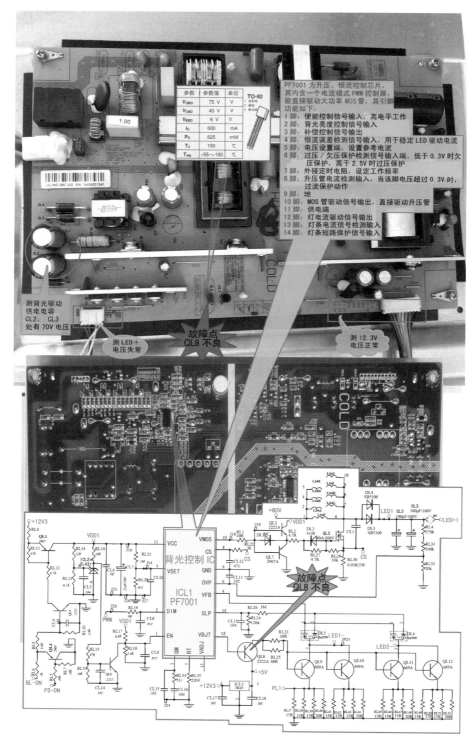

图4-39　电源二合一板与背光控制相关电路

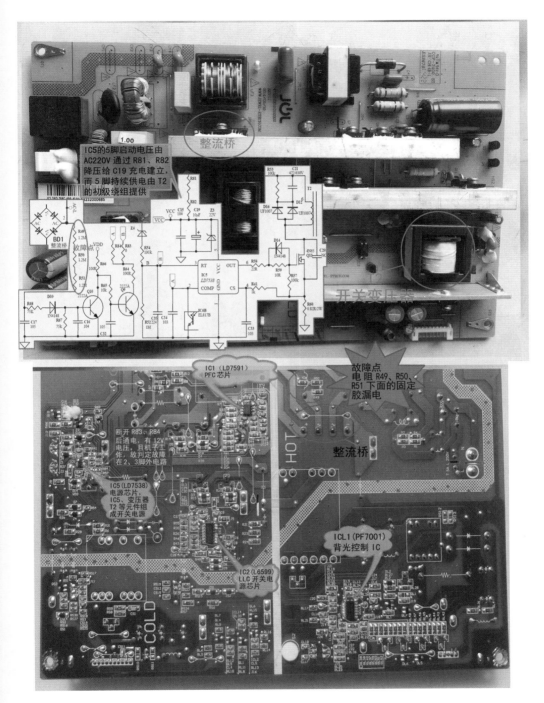

图4-40　电源二合一板及相关电路

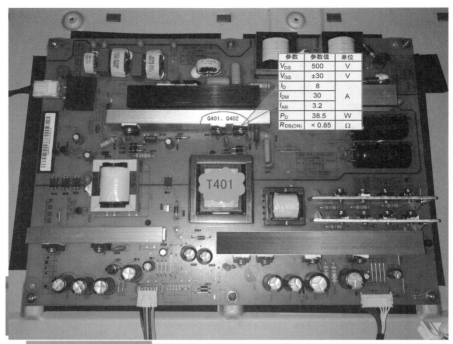

参数	参数值	单位
V_{DS}	500	V
V_{GS}	±30	V
I_D	8	A
I_{DM}	30	
I_{AR}	3.2	
P_D	38.5	W
$R_{DS(ON)}$	< 0.85	Ω

功率因数校正电路以交错双相控制型 PFC 芯片 NCP1631(U902) 为核心组成

U401(NCP1393)
开关电源控制芯片

故障点

升压、恒流控制芯片 PF7001S(U601)

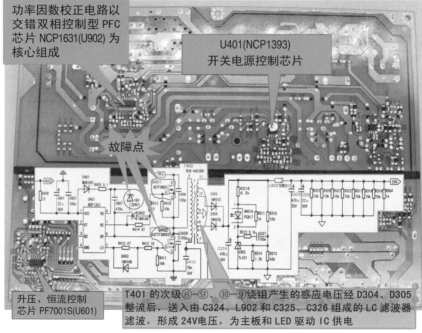

T401 的次级⑧-⑨、⑩-⑨绕组产生的感应电压经 D304、D305 整流后，送入由 C324、L902 和 C325、C326 组成的 LC 滤波器滤波，形成 24V电压，为主板和 LED 驱动 IC 供电

图4-41　电源二合一板与相关电路

提示 该机电源板型号为HSL60D-4MB 400（A），机芯型号为LG3Q。

例24 **长虹UD65D6000i型液晶电视开机背光一闪即灭，但声音正常**

维修过程： 由于该机声音正常，故判断故障仅在背光供电及保护电路（如图4-42所示）。首先检测VLED＋电压是否正常；若发现当VLED电压升到约110V时马上保护，测背光驱动控制芯片U601（PF7001S）的11脚（供电端）、5脚（电压设置）、6脚（过压保护）电压正常，但14脚（灯条短路保护）电压失常，试将LED输出插座CON304上的LED1－、LED2－、LED3－、LED4－四个反馈引脚短接后故障排除，检查U601的14脚与CON304脚之间的四路反馈电路中的D608、D607、D606、D605等元件，发现D608不良。

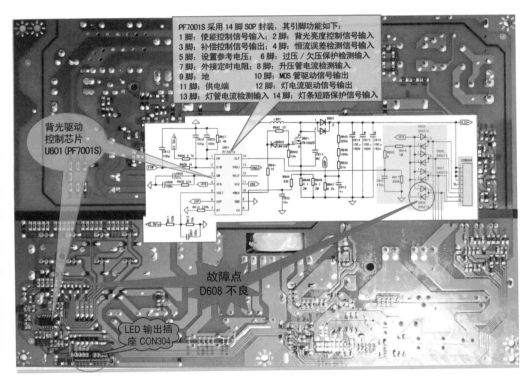

图4-42 背光相关电路

故障处理： 更换D608后故障排除。

第三节 创维液晶电视的故障维修

例1 创维40G6A型液晶电视开机正常，但工作一段时间后自动关机

维修过程： 保护电路稳定性不好、电源板输出电压偏低或波动、元件存在热稳定性不良或虚焊等均会引起自动关机。首先检测电阻R12～R17等元件组成的保护电路正常，再检测电源板输出电压，发现功率输出开关管Q1（AOTF7N65）有320V电压，但测PWM控制芯片U1（NCP1251）5脚电压仅为6.2V（正常值为23V），沿路检查发现U1外围元件ZD7、R77、R78热稳定性不良。电源二合一板与相关电路如图4-43所示。

故障处理： 更换ZD7及电阻R77、R78后故障排除。

例2 创维43K2型液晶电视通电后灯闪，但不能开机

维修过程： 首先检测电源板各路输出电压，发现12V、24V输出电压不稳定。检查开关稳压取样电路，测PWM控制芯片U1（NCP1251）5脚（VCC供电）电压在12～12.9V波动，检查T1、R21、D8、C11、Q4、D9等元件，发现D9不良。电源二合一板及相关电路如图4-44所示。

故障处理： 更换D9后故障排除。

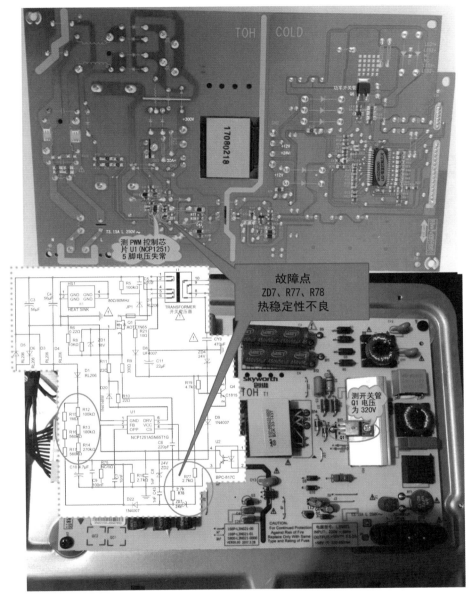

图4-43 电源二合一板与相关电路

提示 该机采用5S21机芯,电源板型号为5800-L3N01D-0000 168P-L3N01D-00。该机电源电路是完全依靠PWM来控制变压器T1的输出,PWM异常就会导致稳压功率输出电路输出异常,故应首先检测NCP1251的持续供电是否正常。

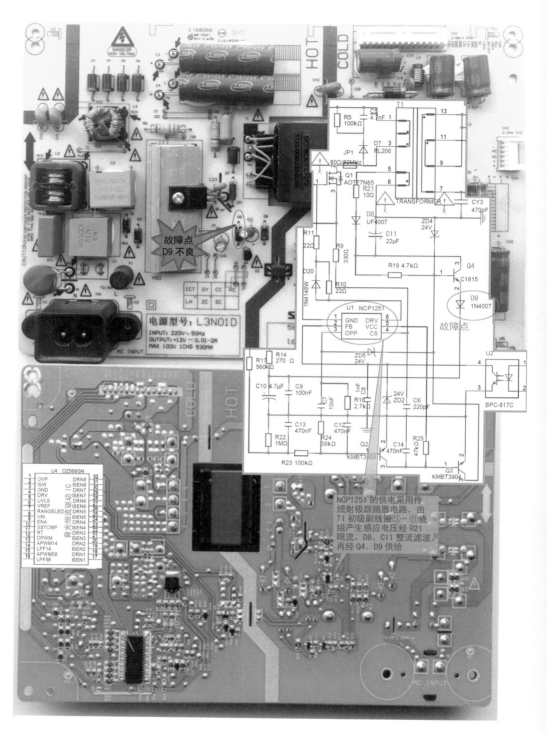

图4-44　电源二合一板及相关电路

图解液晶电视机维修一本通

创维50E780U型液晶电视不能开机

维修过程：接上串口工具，通电查看打印信息，显示"DRAM Channel A Calibration. Fail"，查为主芯片与A组DDR存储器U20、U21通信校验失败。检测主板各组供电正常，且主芯片MTK5326引脚无虚焊；再断电检查主板上是否存在短路、排阻是否损坏，试断开电感L18，发现后级四路DDR存在断路，经查为U21损坏。主板实物如图4-45所示。

查看开机
打印信息

图4-45　主板实物图

故障处理：更换U21后故障排除。

 该机主板型号为5800-A8K940-0P30，采用8K98机芯。

例4 创维55E3500型液晶电视工作几十分钟后自动关机，且指示灯不亮

　　维修过程：当开关电源电路输出电压异常、主板上的供电系统异常、存储器等有问题均会引起此故障。首先检测电源板输出的各路电压，发现12V输出电压失常，检查IC100（TEA1716）及外围元件正常，再检查由Q9、U3、光耦IC1等元件组成的开/关机控制电路和由Q10、Q8等元件组成的保护电路是否有问题，发现Q9、Q8不良。电源板实物及相关电路如图4-46所示。

　　故障处理：更换Q9、Q8后故障排除。

　　提示 该机电源板型号为168P-L5L015-00，采用9R46机芯。在液晶电视的开关电源电路中，设有过压保护电路，若这部分电路稳定性不好（多表现为热机时稳定性不好），则开关电源极易误进入保护状态，从而出现自动关机故障。

例5 创维55E60HR型液晶电视通电后指示灯不亮，但整机呈现"三无"状态

　　维修过程：首先检测大滤波电容C17两端PFC输出的电压是否正常（正常值为380~400V），若电压仅为330V偏低，则说明PFC电路未工作，此时检测PFC驱动电路U1的7脚（供电端）12VPS供电电压是否正常；若7脚电压失常，则检查供电稳压电路Q6、ZD12和副电源12VCC整流滤波电路是否有问题；若7脚电压正常，则检查U1及其外部电路元件是否有问题。电源板与PFC电路如图4-47所示。

　　故障处理：本例查为PFC电路中Q3、D1引脚脱焊，补焊后故障排除。

　　提示 该机电源板型号为5800-P55TQC-00XO（又称168P-P55TQC-00），集成电路采用CM6510（U1）+CM6900（U10）+TOP253EN（U904）+UC3843（IC201）组合方案，输出5V/3A（为主板控制系统和信号处理电路供电）、24V/6A（为背光灯电路供电）、24V/1.5A（为伴音功放电路供电）、12V/5A电压（为小信号处理电路供电）。

例6 创维55G6A型液晶电视通电后不能开机，指示灯也不亮

　　维修过程：首先检测主板收到来自电源板的各路电压均正常，故重点检查主板

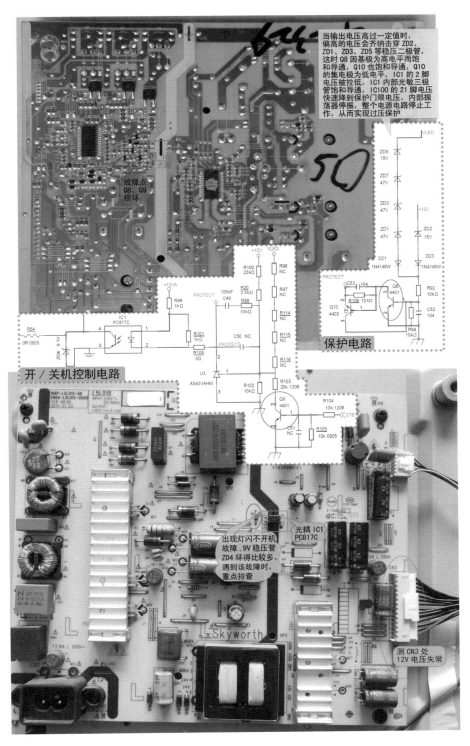

当输出电压高过一定值时，偏高的电压会齐纳击穿 ZD2、ZD1、ZD3、ZD5 等稳压二极管，这时 Q8 因基极为高电平而饱和导通，Q10 也饱和导通，Q10 的集电极为低电平，IC1 的 2 脚电压被拉低，IC1 内部光敏三极管饱和导通，IC100 的 21 脚电压快速降到保护门限电压，内部振荡器停振，整个电源电路停止工作，从而实现过压保护

故障点 Q8、Q9 损坏

开 / 关机控制电路

保护电路

出现灯闪不开机故障，9V 稳压管 ZD4 坏得比较多，遇到该故障时，重点排查

光耦 IC1 PC817C

测 CN3 处 12V 电压失常

图4-46　电源板实物及相关电路

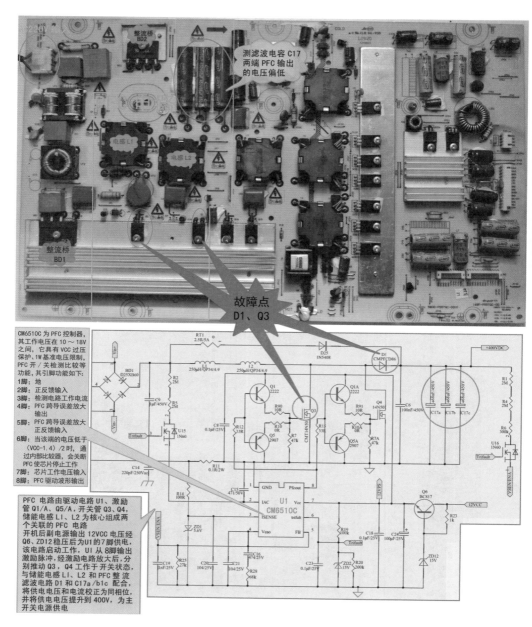

图4-47　电源板与PFC电路

（如图4-48所示）。检测主板上各路供电电压，发现U0P3（1.5V）和U0P14无输出，检查主芯片U1（T962）及其外围元件，发现复位电路U1M6上无3.3V电压，沿路检查发现时序控制电路中Q0P2不良。

故障处理：更换Q0P2后故障排除。

图4-48　主板与相关电路

提示　该机采用8A22机芯，主板型号为5800-A8A220-0P10。

例7　**创维55G6型液晶电视背光亮、无图像，灰屏**

　　维修过程：拆开机壳，发现该机采用为主板TCON（逻辑板）一体化板，目测板上元件无异常；怀疑是软件问题，接上串口终端，通电查看打印信息显示正常，先用串口强制升级install.img（固件文件）主程序后，试机故障依旧，故说明软件方面无问题；再检测TCON电路部分，发现VDD16.6V处对地阻值仅为9.5Ω，沿路检查为U0N1（RT6937）44脚与SWO连接的C1N1损坏。TCON部分电路如图4-49所示。

液晶电视主板及逻辑板原理

　　故障处理：更换C1N1后故障排除。

提示　该机电源板型号为5800-A9R520-0P00，采用9R52机芯。本机芯采用TCON内置方案，以U0N1（RT6937）和RT8509U为核心，与其外围电路组成内置TCON电路。

例8　**创维55G6型液晶电视黑屏，背光不亮**

　　维修过程：首先检测主板上BL_ON/OFF信号是否正常，若信号失常，则检测主芯片U49背光控制脚电压是否正常；若U49背光控制脚电压正常，则检查Q0S2、R1S2等元件是否有问题；若U49背光控制脚电压失常，则检查U49本身是否有问题。图4-50所示为背光开关控制电路。

　　若检测BL_ON/OFF信号正常，则说明故障出在背光控制和恒流板电路中（如图4-51所示）。检测背光控制及开/关控制电压、恒流供电是否正常，若电压正常但不升压，则检查恒流控制芯片U13（OZ9903）及外围元件是否有问题。

　　故障处理：本例查为电容C82漏电造成U13的2脚（欠压保护检测端）电压偏低（正常值应大于2.6V），更换C82后故障排除。

提示　该机电源板型号为168P-L5L01F-00，采用9R52机芯。在检修背光不亮故障时，OZ9903的2、31脚（欠压保护）电压为关键测试电压。背光工作过程如下：12V输入→PWM调光信号、ENA信号→背光恒流控制IC起振→36V电压经Boost电路得到LED电压→点亮灯条。

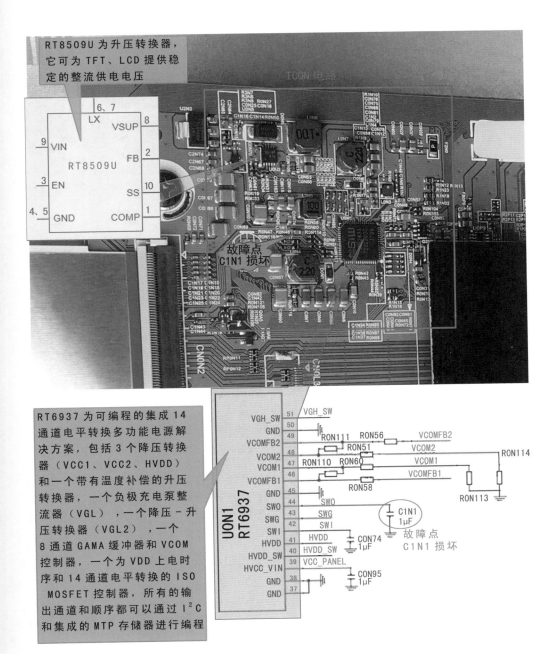

RT8509U 为升压转换器,它可为 TFT、LCD 提供稳定的整流供电电压

RT6937 为可编程的集成 14 通道电平转换多功能电源解决方案,包括 3 个降压转换器(VCC1、VCC2、HVDD)和一个带有温度补偿的升压转换器,一个负极充电泵整流器(VGL),一个降压-升压转换器(VGL2),一个 8 通道 GAMA 缓冲器和 VCOM 控制器,一个为 VDD 上电时序和 14 通道电平转换的 ISO MOSFET 控制器,所有的输出通道和顺序都可以通过 I^2C 和集成的 MTP 存储器进行编程

故障点
C1N1 损坏

图4-49 TCON部分电路

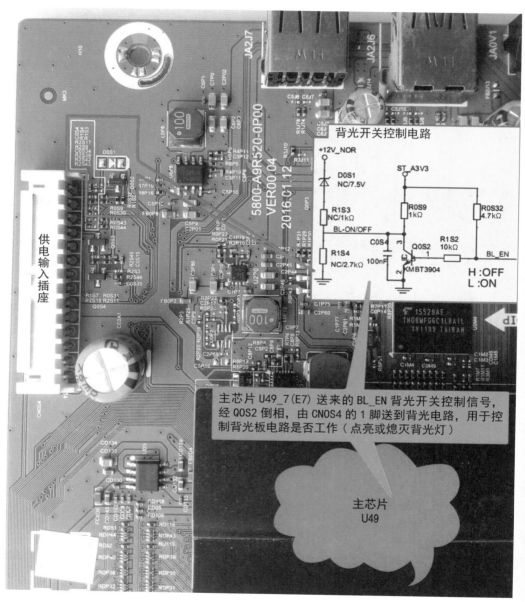

背光开关控制电路

+12V_NOR

D0S1
NC/7.5V

R1S3
NC/1kΩ

BL-ON/OFF

R1S4
NC/2.7kΩ

C0S4
100nF

ST_A3V3

R0S9
1kΩ

R0S32
4.7kΩ

Q0S2
KMBT3904

R1S2
10kΩ

BL_EN

H :OFF
L :ON

主芯片 U49_7(E7) 送来的 BL_EN 背光开关控制信号，经 Q0S2 倒相，由 CN0S4 的 1 脚送到背光电路，用于控制背光板电路是否工作（点亮或熄灭背光灯）

主芯片
U49

图4-50 背光开关控制电路

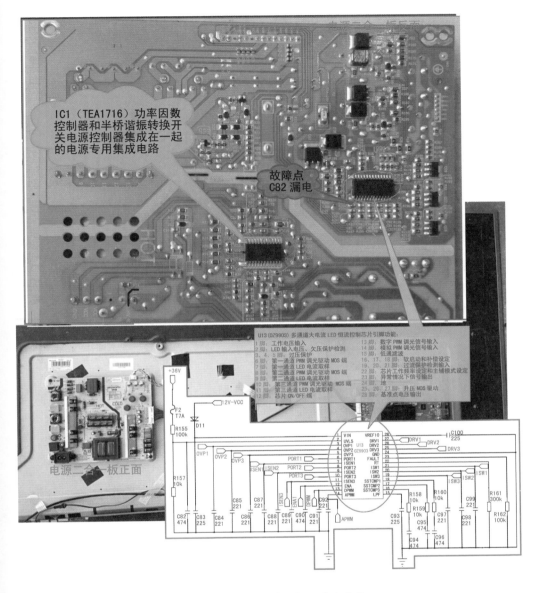

图4-51 电源二合一板及背光电路

例9 创维55G6型液晶电视无声音,但图像正常

维修过程:由于只是无伴音,其他正常,说明故障应在与伴音有关的电路上。首先检查功放U0A7(TAS5707)输出端电压为0.45V,静音脚电压在2.82~3.5V

跳动，检查静音控制相关电路Q0A2、Q0A3、Q0A4及外围控制正常；再检查功放U0A7（TAS5707）的供电电压，发现+3.3V供电不稳定，经查为MOS管Q0P2损坏。主板实物如图4-52所示。

图4-52　主板实物图

故障处理：更换Q0P2后故障排除。

提示　该机电源板型号为5800-A9R520-0P00，采用9R52机芯。该供电来自D3.3V，是由ST_A3.3V经Q0P2控制后得到，检测ST_A3.3V正常，D3.3V电压较低异常。

例10　**创维55LED10型液晶电视不能开机**

维修过程：首先检测电源板上+5V、12V及PFC电压，发现无+5V电压，故对副电源电路（+5V待机开关稳压电路）作为检查重点。测C214上是否有130～300V的直流电压（交流输入110～220V），若C214上无电压，则检查L/N端至桥堆BD2交流输入脚是否连通，桥堆BD2是否存在短路击穿；若C214上有电压，则检查控制芯片U904（TOP253EN）及周围的元器件（如吸收电路C31、R39C和D13，启动电路R903、R905、R910，TL431反馈回路U8/U9及C36或C36A等）是否有短路。副电源电路如图4-53所示。

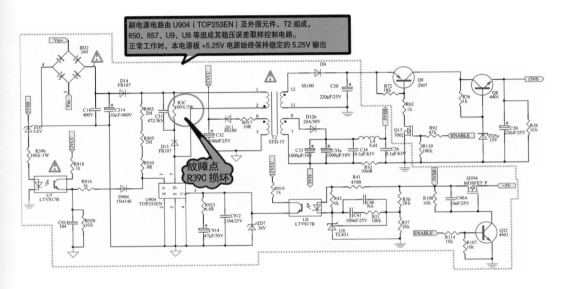

图4-53 副电源电路

故障处理： 该机查为R39C损坏造成此故障，更换R39C后故障排除。

提示 该机电源板型号为168P-P55TQC-00。通电后副电源首先启动工作，为主电路板微处理器控制系统提供+5V工作电压。

例11 创维55M6型液晶电视不能开机，指示灯亮

维修过程： 由于该机指示灯亮，说明待机5V正常；检查电源板12V、24V电压输出正常，故判断问题出在主板上（如图4-54）。测主板各路供电电压，发现U0P8无1.2V输出，C1P57两端也无3.3V；再检测U0P5（4210DG）3脚有4.75V，但2脚电压失常，查U0P5的2脚控制电路中D0P1、R9P8E及Q0P3、Q0P2等元件，发现Q0P2损坏。

故障处理： 更换Q0P2（1A）后故障排除。

提示 该机主板为5800-A8H730-OP30，采用8H73机芯。

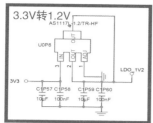

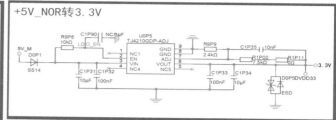

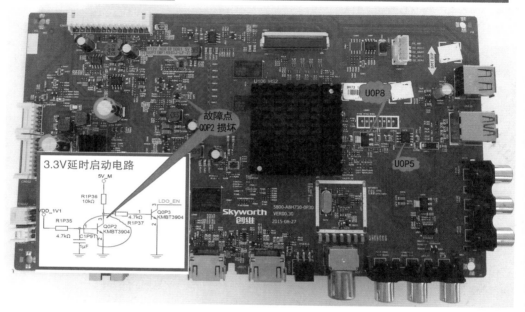

图4-54　主板实物与相关部分电路

例12 创维55S9300型液晶电视通电后不能开机，电源指示灯也不亮

　　维修过程：开机检测5V输出电压正常，但无12V、24V电压输出，试断开主板，仍无12V和24V电压输出，故判定故障在电源板上。测PFC电压为正常的380V，VCC电压18V也正常，故排除PFC电路和副电源电路有问题的可能，重点检查主电源电路。检测厚膜电路IC1（FSFR1700XSL）各脚电压及周围相关元件，发现Q11（2SC2655）不良造成IC1的7脚（供电端）电压偏低（正常值为18V）。电源板与主电源电路如图4-55所示。

　　故障处理：更换Q11后故障排除。

提示 该机电源型号为168P-R8F052-00，采用8S87机芯。对于电源板的维修，为了避免负载电路对电源板的影响，可拔掉电源板与负载电路的连接器，将5V电压与ON/OFF相连接，提供开机高电平，对电源板单独进行维修。

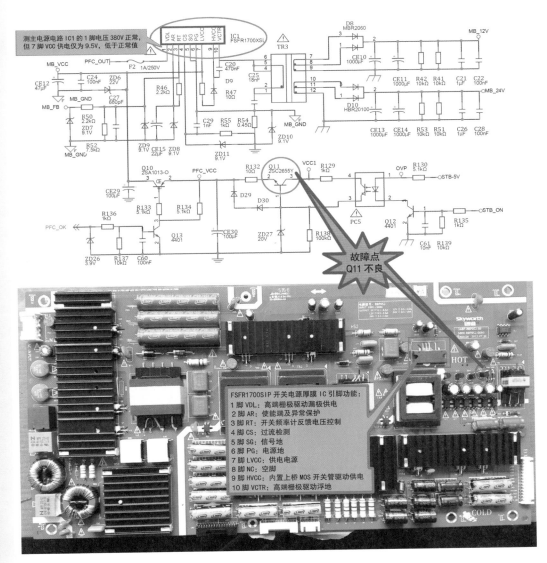

图4-55　电源板与主电源电路

例13 创维55S9300型液晶电视无伴音

维修过程：首先用万用表测量两只扬声器的阻值为正常，且测量时能听到电流干扰声，说明两只扬声器正常；再检测功放供电24V（2、3、34、35、40、41、44、45脚为24V供电脚）电压正常，功放PDN脚（待机控制）电压正常，再检测总线信号，发现24脚（SCL）信号，经查为外围电阻R1A21不良。功放部分电路如图4-56所示。

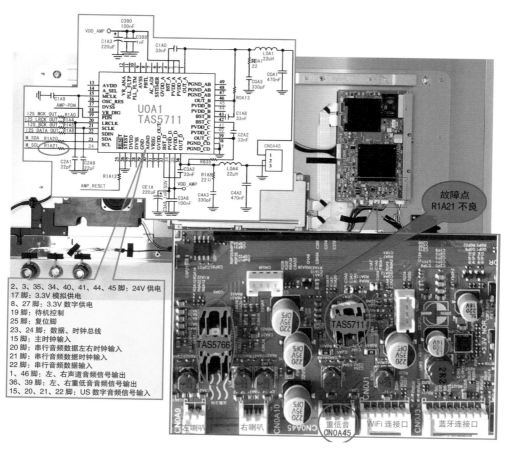

图4-56 功放部分电路

故障处理：更换R1A21后故障排除。

提示 该机采用8S87机芯，主板型号为5800-A8S870-0P20。该机声音系统采用的是双功放（TAS5711＋TAS5766），其中TAS5711（U0A1）是内置重低音功放，TAS5766（U0A3）为左、右声道功放。

创维55V5型液晶电视不开机，电源指示灯闪烁

维修过程： 测电源板上12V电压仅为9.5V且不稳定，怀疑保护电路有问题，试断开保护电路Q8后故障依旧；检测U3（AS431AHM）正常，检查光耦IC1（817）、IC100及外围元件，发现稳压二极管ZD4漏电。电源部分电路如图4-57所示。

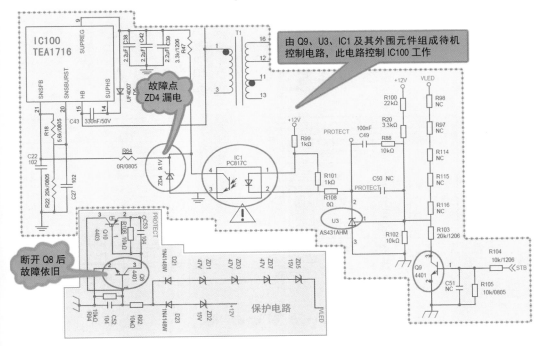

图4-57 电源部分电路

故障处理： 更换ZD4（9.1V）后故障排除。

提示 此机电源板型号为5800-L5LD18-0000，采用8H73机芯。IC1（TEA1716T）为PFC、半桥功率输出控制集成电路，由Q9、U3、IC1及其外围元件组成待机控制电路，此电路控制IC100是工作、待机还是不工作。

例15 **创维55V8E型液晶电视通电后开机，左边背光不亮**

维修过程： 由于该机只是一边背光不亮，初步判断故障仅在背光电路。检测以U1（OZ9903）为主组成的背光电路，发现电容C95漏电。背光部分电路如图4-58所示。

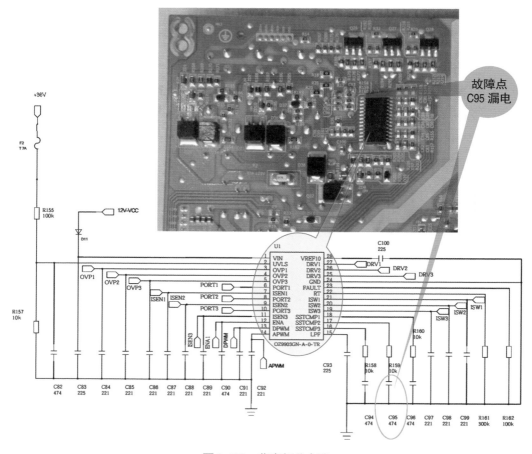

图4-58 背光部分电路

故障处理：更换C95后故障排除。

提示 该机电源二合一板型号为168P-L5L01F-00。背光部分升压二极管短路也会造成背光一边暗。

例16 创维55X5型液晶电视工作一段时间后无伴音

维修过程：根据现象判断机内存在热稳定性不良元件。测功放U0A1（TPA3110）的供电脚（7、15、16、27、28）有12V电压，但在故障出现时测静音控制脚1脚电压失常（正常值约为6V），查其外围元件发现电阻R2A1变值。主板与功放电路如图4-59所示。

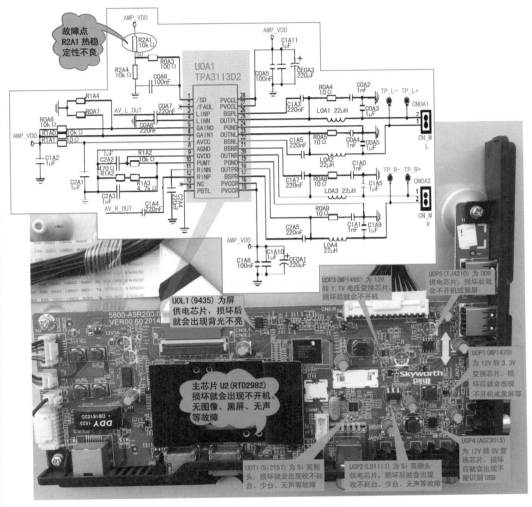

图4-59　主板与功放电路

故障处理： 更换电阻R2A1后故障排除。

提示　该机采用9R20机芯，主板型号为5800-A9R200-0P70。

例17　创维60N2型液晶电视不能开机

维修过程： 首先检测主板供电正常，再通过串口工具读取开机打印信息，打印信息提示第二组DDR检测失败。检查存储器MU3、MU4及相关电路，发现排阻RP52变值。主板与相关电路如图4-60所示。

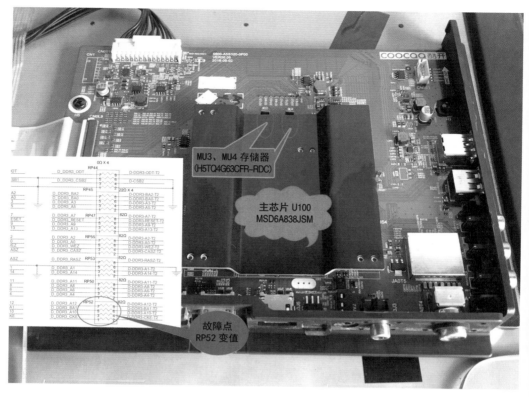

图4-60 主板与相关电路

故障处理：更换排阻RP52后故障排除。

提示 该机采用5S32机芯，主板型号为5800-A5S320-0P00。在检修液晶电视二次不开机故障时，如果开机打印信息在检测DDR正常后停止显示，则故障原因多为引导程序异常或相关存储器损坏。本着先软件后硬件的原则，可先对故障机进行软件升级，再检查相关存储器电路。

例18 创维65G9200型液晶电视通电后不能开机

维修过程：通电首先检测电源板上电压输出是否正常，若无+12V、24V电压输出，则检测PFC、半桥功率输出控制块IC1（TEA1716T）的供电脚电压是否正常、外围旁路电阻电容及后级输出整流电路是否有问题；若IC1正常，则检查变压器T1（BCK-40-687D）。电源板实物与相关电路如图4-61所示。

故障处理：本例故障为IC1的17脚外围电阻R67（1.2kΩ）损坏导致无电压输出，

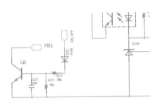

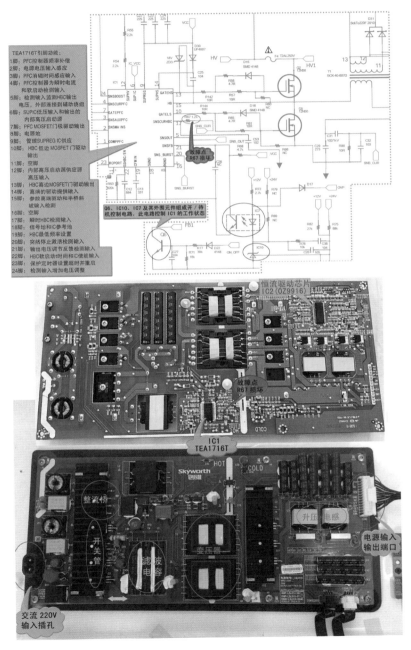

TEA1716T引脚功能:
1脚: PFC控制器频率补偿
2脚: 电源电压输入感应
3脚: PFC消磁时间感应输入
4脚: PFC控制器为瞬时电流和软启动检测输入
5脚: 检测输入监测到HBC输出电压, 外部连接到辅助绕组
6脚: SUPIC低压输入和输出的内部高压启动源
7脚: PFC MOSFET门极驱动输出
8脚: 电源地
9脚: 管理SUPREG IC供应
10脚: HBC低边 MOSFET 门驱动输出
11脚: 空脚
12脚: 内部高压启动源供应源高压输入
13脚: HBC高边MOSFET门驱动输出
14脚: 高端的驱动提供输入
15脚: 参数高端驱动和半桥斜坡输入检测
16脚: 空脚
17脚: 瞬时HBC检测输入
18脚: 信号地和IC参考地
19脚: HBC最低频率设置
20脚: 突然停止频活检测输入
21脚: 输出电压调节反馈检测输入
22脚: HBC软启动时间和IC使能输入
23脚: 保护定时器设置超时并重启
24脚: 检测输入增加电压调整

故障点 R67 损坏

Q6、IC10、IC7 及其外围元件组成开/待机控制电路, 此电路控制IC1的工作状态。

恒流驱动芯片 IC2(OZ9916)

故障点 R67 损坏

IC1 TEA1716T

整流桥

开关管

滤波电容

变压器

升压电感

电源输入输出端口

交流 220V 输入插孔

图4-61 电源板实物与相关电路

从而引起此故障，更换R67后故障排除。

 该机电源板型号为168P-L5L013-01，采用8H88机芯。对于无12V、24V无输出故障，首先需要考虑主电路中是否存在过流元件，然后考虑IC1工作条件是否具备、T1初/次级回路是否正常，最后考虑更换IC1。

例19 创维65G9200型液晶电视通电瞬间指示灯点亮，但随后熄灭，不能开机

维修过程：通电开机观察电源板+5V、+12V，发现瞬间有12V电压，但电压慢慢变低，故排除PFC及半桥功率输出电路有问题的可能，重点检查过压保护电路及稳压取样电路。试断开过压保护电路保护管Q11，测试输出电压正常，故判断故障在保护电路。检查保护电路中D23、D24、ZD15等元件，发现13V稳压管ZD15击穿。电源板与保护电路部分如图4-62所示。

故障处理：更换13V稳压管ZD15后，故障排除。

 该机电源板型号为168P-L5L013-01，采用8H88机芯。当＋12V、+24V电压超过一定值时，齐纳击穿稳压管ZD14、ZD15，给Q11基极送去一个高电平，此时Q11饱和导通，Q11集电极为低电平，IC7的1脚变为低电平，IC7截止，IC1的21脚的电压快速达到保护门限电压6.4V，IC1内部振荡器被关断，电源电路停止工作，从而实现过压保护。

例20 创维65K2型液晶电视开机后有图像，但无声音

维修过程：出现此故障时，首先检测扬声器插头CN0A7、CN0A8处是否有电压输出；若插头处有5.85V输出电压，可在电容C1A21、C1A39处加干扰，听扬声器是否有声，若扬声器无声，则检查以U0A4（TPA3110LD2PWPR）为主组成的功放电路是否有问题，若扬声器有声，说明功放电路无问题，然后检查主芯片U1（MSD6A638JSMG-WL）及相关元件有问题。主板与功放电路如图4-63所示。

故障处理：该机查为主芯片U1有问题，更换主芯片并升级主程序后故障排除。

 该机采用5S21机芯，主板型号为5800-A5S210-0P00 5S21。

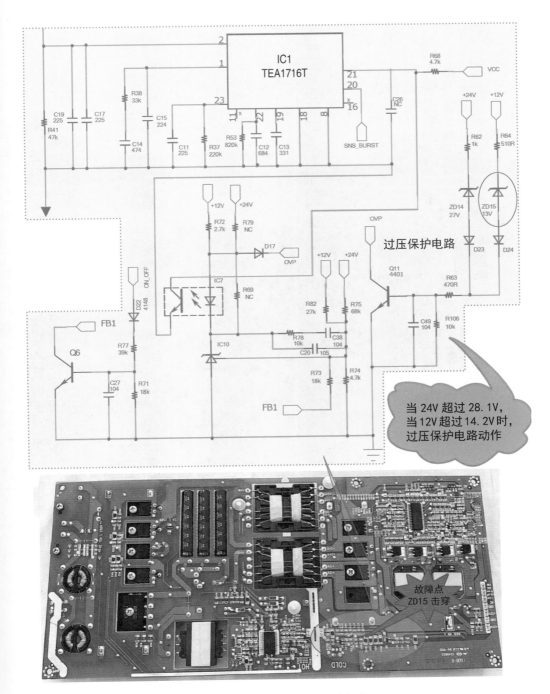

当24V超过28.1V，
当12V超过14.2V时，
过压保护电路动作

图4-62　电源板与保护电路部分

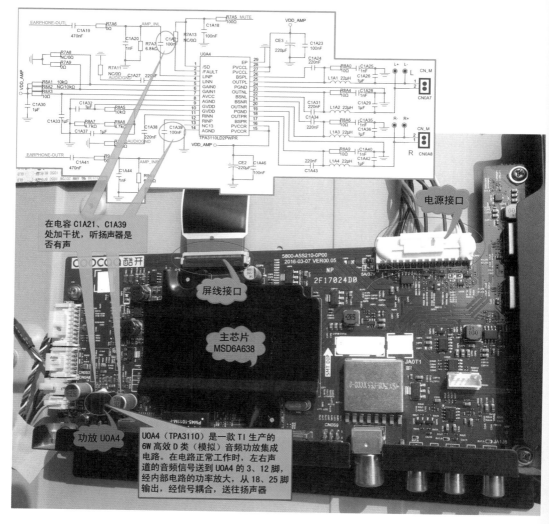

在电容 C1A21、C1A39
处加干扰，听扬声器是
否有声

电源接口

屏线接口

5800-A5S210-0P00
2016-03-07 VER00.05

主芯片
MSD6A638

功放 UOA4

UOA4（TPA3110）是一款 TI 生产的
6W 高效 D 类（模拟）音频功放集成
电路。在电路正常工作时，左右声
道的音频信号送到 UOA4 的 3、12 脚，
经内部电路的功率放大，从 18、25 脚
输出，经信号耦合，送往扬声器

图4-63 主板与功放电路

第四节 **海信液晶电视的故障维修**

例1 **海信LED42K310X3D型液晶电视背光亮一下后黑屏**

维修过程：对于此类故障首先检查电路板上是否有明显变色烧焦的元器

件，然后检查是否背光灯升压板上的灯管插座开焊、插座未插紧或某根灯管断裂，再检查主板到屏背光的各路输出电压是否正常，最后检查背光控制集成电路N905（OZ9908B）相关脚电压及外围元件是否有问题。电源背光一体板（板号RSAG7.820.4584）背面实物及N905相关电路如图4-64所示。本例故障多因OZ9908B有问题造成N905的18脚（ISEN5）电压偏高，从而引起此故障。

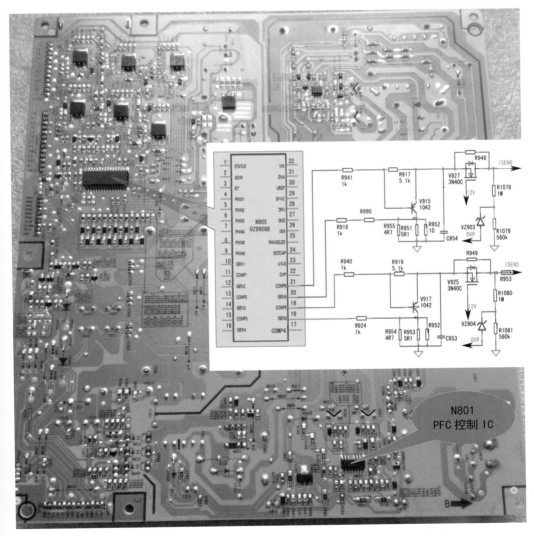

图4-64　电源背光一体板（板号RSAG7.820.4584）背面实物及相关电路

故障处理： 更换OZ9908B后故障排除。

提示 该机采用MT5501机芯。具体判断时ISEN5和其他的ISEN电压存在较大的差异（比其他脚高），可试着把ISEN6和ISEN5调换位置，ISEN5端电压仍异常，再测量V917的B极无电压，V915的B极有电压，则确定问题出在电源高压一体板上。

例2 海信LED46K310X3D（MT5501机芯）型液晶电视呈"三无"状态

维修过程： 对于此类故障首先判断故障是在电源板还是在主板上。若故障在主板上，则检测N105（AP1084）的3.3V、N515（AP1084）的1.5V、N102（MP1493）的L104处1.2V、N101（TPS54426）的L102处5V电压是否正常，然后检测N101的14脚12V、7脚EN脚6.5V电压是否正常，再检查V15、V14、VD105等元件是否有问题。实际维修中多因VD105损坏造成主板无5V输出，就无3.3V、1.5V、1.2V到主芯片，主芯片内部CPU部分无供电从而引起此故障。主板实物和5V输出相关电路如图4-65所示。

图4-65　主板实物与5V输出相关电路

故障处理：更换VD105后故障排除。

例3 海信LED46K310X3D型液晶电视有时不能开机，待机指示灯亮，有时开机屏幕亮一下后自动关机，指示灯由绿色变为红色

维修过程：拆开机壳，首先用观察法检查电源板及主板上均无明显异常现象；通电测主滤波电容C829（82μF/450V）电压仅为350V，继而测得PFC电压也仅为350V（正常值应为380V左右），且此电压随着开机的时间缓慢下降；检查PFC电路中N842（NCP1608）及外围元件，发现PFC电路中R844、R853、R864、R838、R848、R859等几个大功率贴片电阻背胶太多，引起漏电。电源二合一板及相关电路如图4-66所示。

PFC电路工作原理

故障处理：用工具把电阻和电路板上的背胶去掉，再用酒精清洗干净，检测各电阻阻值正常，恢复电路，开机测PFC电压恢复正常，故障排除。

例4 海信LED46XT68G3D型液晶电视通电后指示灯亮，但按键无法开机

维修过程：首先测量主板所需的各组供电电压（如图4-67所示），发现无主芯片供电的1.2V内核电压，检测N8（AOZ1016AI）及其外围元件，发现6脚使能端外接电容C58漏电。

故障处理：更换电容C58后故障排除。

例5 海信LED50EC590UN型液晶电视工作过程中呈现"三无"状态，指示灯也不亮

维修过程：出现此故障时，首先断开负载确认是电源部分不正常而引起的故障，然后检修电源。若检查发现熔丝烧断且发黑严重，则说明电路存在短路故障，

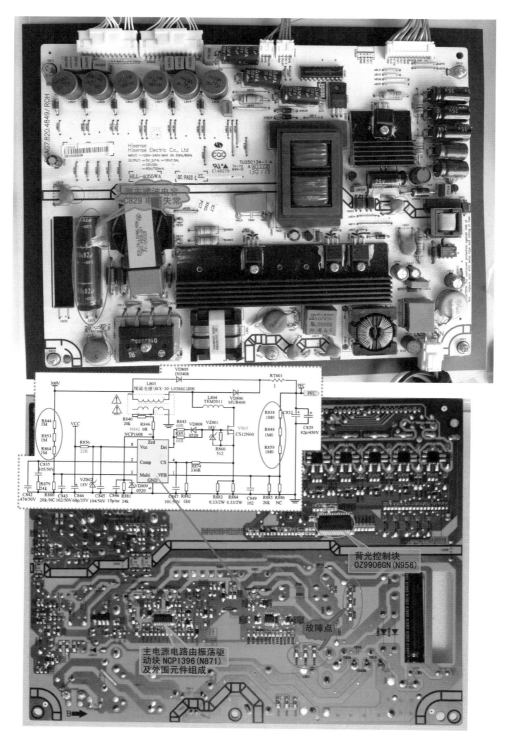

图4-66 电源二合一板及相关电路

图解液晶电视机维修一本通

N5 (AP1084D33GA
/AZ1084D-3.3)
系统 3.3V

DC-DC (N9 MP9415)
+5V 为系统主 5V, 待机受控，
电源板无 +5V 输出，需要
主板通过 DC-DC 转换而来

N19 (LD1117A-2.5 AZ1117H-2.5)
系统 2.5V；+2.5V_Normal
系统 2.5V 用于 MSD6148
供电，待机受控

N16 (IRF7314)
液晶屏 TCON 供电：VCC-Panel
采用 MOS 管切换电路，实现
TCON 供电的切换控制和输入
电源选择，若此部分电路出
故障，会导致液晶屏无输出，
机子呈黑屏或灰屏或有音无图

N26 (LD1117A-3.3
AZ1117H-3.3) 系统 3.3Vstb
3.3Vstb 为待机 3.3V，通过
待机 5V 转换而来，待机不
受控，用于系统的 PM 供电、
Mboot FLASH 供电、触摸按
键供电等。此电压不正常
会造成整机不启动

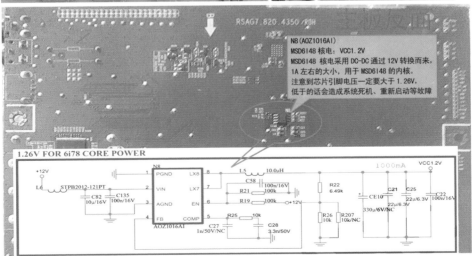

N8 (AOZ1016AI)
MSD6148 核电：VCC1.2V
MSD6148 核电采用 DC-DC 通过 12V 转换而来，
1A 左右的大小，用于 MSD6148 的内核，
注意到芯片引脚电压一定要大于 1.26V，
低于的话会造成系统死机、重新启动等故障

图4-67   测量主板所需的各组供电电压

应重点检查主滤波电容、电源开关管等易损件；若没有短路故障，则检测整流滤波后的300V电压是否正常，PFC电路（由N892 NCP1608及其外围元件组成）输出端的380～400V电压是否正常。若以上检查均正常，则检测由N834（NCP1271）及外围元件组成的反激电路是否有问题。电源板及反激电路如图4-68所示。

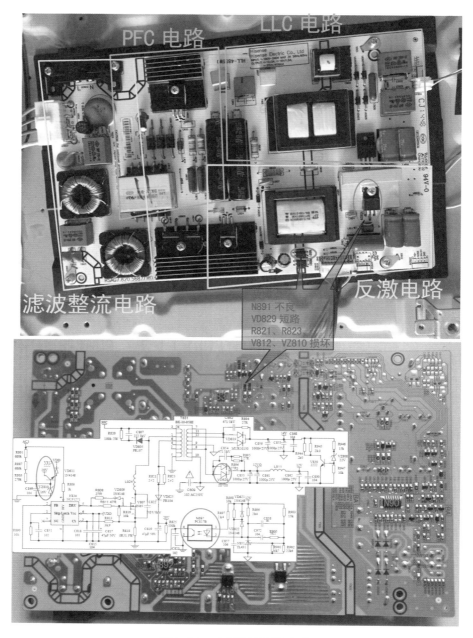

图4-68 电源板及反激电路

故障处理：本例查为12V取样电路中的光耦N891不良，造成12V整流二极管VD829短路，且电源初级20V供电电路中的R821、R823、V812、VZ810均损坏，从而造成此故障，更换全部损坏件后故障排除。

提示 该机采用MSD6A918机芯，电源板型号为RSAG7.820.5687。100～240V交流电压输入后，反激电路首先启动，12V和18V输出，12V提供给主板待机电路。当主板发送待机启动信号给电源板SW端子后，反激电路分别提供VCC给PFC电路控制芯片NCP1608（N892）和LLC电路控制芯片LX27901（N901）。PFC电路首先启动，输出380V直流电压；当PWM端子电压为高时，LLC电路启动，输出两路恒流的LED驱动电压将LED背光点亮。

例6 **海信LED55K20JD型液晶电视工作一段时间后自动关机**

维修过程：通电后检测电源板各路输出电压，发现开机一段时间后主板上的12V电压逐渐下降后自动关机。检测电源板12V输出滤波电容C948、C945正常，再检测N901（FSL116HR）及外围元件、光耦N894、三端精密稳压器N902等元件，发现N901的2脚（VCC 16V）电压失常，经查为2脚外围电容C914漏电。电源二合一板及相关电路如图4-69所示。

故障处理：更换电容C914后故障排除。

提示 该机电源板型号为RSAG7.820.5482。该机反激部分采用传统的单端反激电路，主芯片是FSL116HR。此电源输出9.5V待机电压给主板以及VCC偏置电压给PFC和LLC电路，当主电源的12V启动后，此待机电压被截止，不再输出。

例7 **海信LED55K20JD型液晶电视开机后有声音，但背光不亮**

维修过程：开机观察机子其他方面，而所有的LED灯串均不亮，故判断故障在背光驱动电路。首先检测输入电压12V电源、200V升压及SW点灯控制、BRI亮度控制、3D-ENA的3D模式控制、3D-PWM的3D模式亮度调整信号是否正常，若不正常，则检测主板控制系统；若以上检测均正常，则检查背光驱动板是否存在严重短路故障（如开关管V938、续流二极管VD918或输出滤波电容C955、C956击穿短路），N803（MAP3201）及其外围电路是否有问题。背光相关电路如图4-70所示。

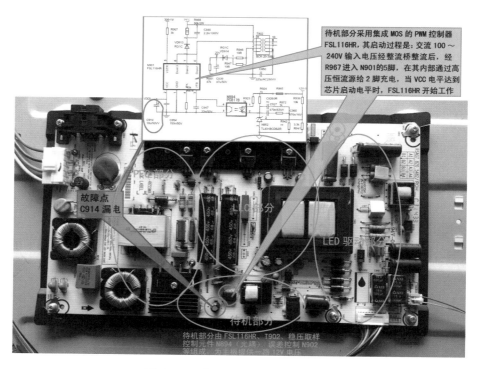

待机部分采用集成 MOS 的 PWM 控制器 FSL116HR, 其启动过程是: 交流 100～240V 输入电压经整流桥整流后, 经 R967 进入 N901 的 5 脚, 在其内部通过高压恒流源给 2 脚充电, 当 VCC 电平达到芯片启动电平时, FSL116HR 开始工作

图4-69　电源二合一板及相关电路

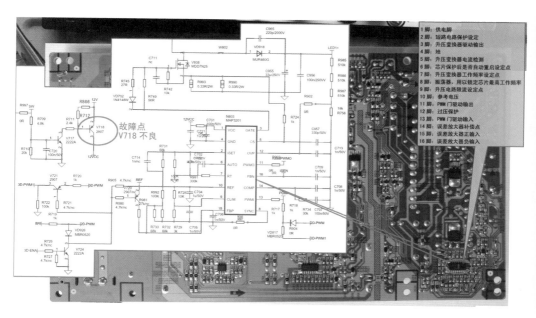

图4-70　背光相关电路

图解液晶电视机维修一本通

故障处理：该机查为N803的1脚12V供电电路中V718不良造成1脚电压偏低，从而导致此故障，更换V718后故障排除。

> **提示** 该机采用RSAG7.820.5482二合一电源板。LED灯电压形成及电流控制电路由MAP3201振荡控制块，升压电感T708、T709，开关管V938，以及升压二极管VD918等元件组成。

例8 **海信LED55K20JD型液晶电视通电后不能开机**

维修过程：拆开机壳，检查熔断器F801已烧坏且发黑，检测电源板上12V输出电压为0V。首先检测由N810（NCP1608）、升压电感L810、二极管VD811/VD812、大电容C811/C810、功率管/开关管V810等组成的PFC电路是否正常；若PFC电路正常，则检测背光电路中功率管V856、V857（10N60）是否击穿；若功率管也无击穿，则检测由N901（FSL116HR）、T902、稳压取样控制元件N894（光耦）、误差控制N902等组成的待机电源电路是否有问题。电源二合一板如图4-71所示。

故障处理：本例检测主电源块FSL116HR（N901）6～8脚内置功率管击穿短路、开关变压器T902性能不良。更换F801、N901及T902后试机，故障排除。

> **提示** 该机采用RSAG7.820.5482电源板。该机电源变压器T902脚间易打火，从而引起多个元件损坏。

例9 **海信LED55K310X3D型液晶电视不能二次开机**

维修过程：首先检测电源板各路输出电压（5V、12V、16V）均正常，故判定故障在主板上。检测主板上供电芯片的电压，N104（AP2127K-ADJ）上有3.3V电压，N102（MP1493）有1.2V电压，但N101（TPS54426）10、11脚无5V输出电压，13、14脚有12V电压输入，经查为N101外围三极管V14击穿短路。主板及相关电路如图4-72所示。

故障处理：更换V14后故障排除。

> **提示** 该机采用MT5501机芯，电源板型号为RSAG7.820.4763，主板型号为RSAG7.820.5142，配屏HE550GFD-B51/PW1。

图4-71 电源二合一板

例10 海信LED55K380U型液晶电视通电后不能二次开机

维修过程: 连接升级工装,查看打印信息:只有待机指令,无二次开机指令。首先检查软件方面是否有问题,进行U盘升级,升级完成后机器进入开机状态,此

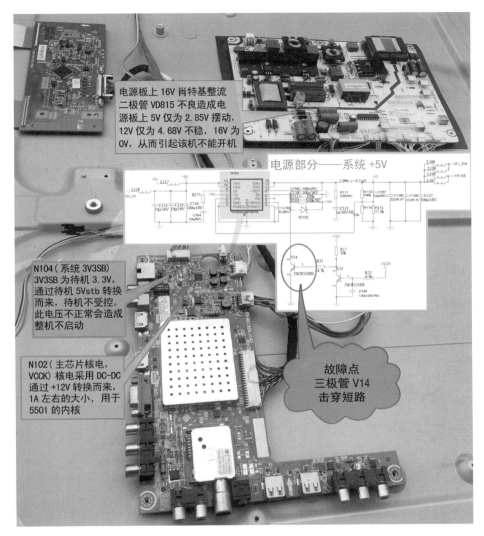

电源板上 16V 肖特基整流二极管 VD815 不良造成电源板上 5V 仅为 2.85V 摆动，12V 仅为 4.68V 不稳，16V 为 0V，从而引起该机不能开机

电源部分——系统 +5V

N104（系统 3V3SB）3V3SB 为待机 3.3V，通过待机 5Vstb 转换而来，待机不受控。此电压不正常会造成整机不启动

N102（主芯片核电，VCCK）核电采用 DC-DC 通过 +12V 转换而来，1A 左右的大小，用于 5501 的内核

故障点
三极管 V14
击穿短路

图4-72　主板及相关电路

时按遥控器待机后故障依旧，说明问题出在硬件方面。在待机状态下测主板上供电电压，发现N42有5V电压输出、N40有12V电压输出（正常时应无5V、12V，处于关断状态）；再测N42、N40的4脚电压为低电平（待机时该脚正常值应为高电平），测V9、V10的b-e结电压也失常，沿路检查开/关机控制电路中V4、R14及CPU（MSD6A918WV）等元件，发现MSD6A918WV内部有问题。主板与相关电路如图4-73所示。

　　故障处理：更换MSD6A918WV后故障排除。

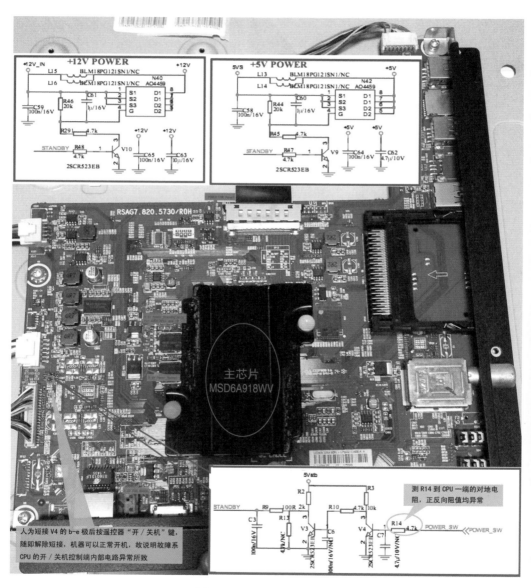

图4-73　主板与相关电路

例11 海信LED55MU7000U型液晶电视通电后不能开机，但二次开机时面板指示灯闪烁

维修过程： 出现此故障时，首先检测主板上N12（TLV1117LV33DCY）、N42（AO4459）、N11（AP1084D33GAZ1084D-3.3）、N21（LD1117A）、N33（MSH6110A）、N34（TPS54628）等DC-DC块输出电压是否正常，若检测某DC-DC块输出电压，则检测其及外围元件是否有问题（如测DC-DC电路中N34输出1.2V电压失常，则检查N34及其外围元件）；若DC-DC电路输出电压均正常，则检查是否为软件方面问题，用U盘对电视机强制升级不成功，故判断故障是控制系统与存储器电路的通信异常所致，可检查EMMC（N56）和DDR（N60～N63）的供电及与主芯片N1之间的通信电路。图4-74所示为主板与相关电路。

故障处理： 本例查为存储器N56外围通信电阻R175开路从而导致此故障，更换R175后故障排除。

提示 该机主板型号为RSAG7.820.6312/ROH。用U盘对其进行强制升级的方法：先在U盘的根目录下新建文件夹TargetHis，并将升级文件His828Upgrade.bin复制到此文件夹中，在断电情况下，将U盘插入电视机的2.0 USB端口中，接通电源，并按住面板上的"音量－"键不松手，这时系统进入软件升级状态，升级完成后电视会自动重启。

例12 海信LED55MU7000U型液晶电视通电后指示灯亮，但不能二次开机

维修过程： 由于该机待机指示灯能点亮，说明待机电源工作正常。首先检测主芯片（N1）开/待机端是否已发出了正常的开机低电平送达到电源板，测插座XS7的2、4脚12V电压正常，但测11脚（STANDBY）电平始终为待机低电平。再测主板开/待机控制管V18电压是否正常，若基极电压没变化，故判断控制系统未工作，CPU未与EMMC（N56）和EERPOM（N50）进行数据交换，此时检查主芯片N1是否具备工作条件；若测V18基极电平有变化，则检查V18外围电路元件是否有问题。该机测V18基极电压无变化，且测N12的3.3V输出电压失常，但断开电感L24后测N12有3.3V输出，沿路检查为L24后级电路中滤波电容C44漏电。主板与相关电路如图4-75所示。

故障处理： 更换C44后故障排除。

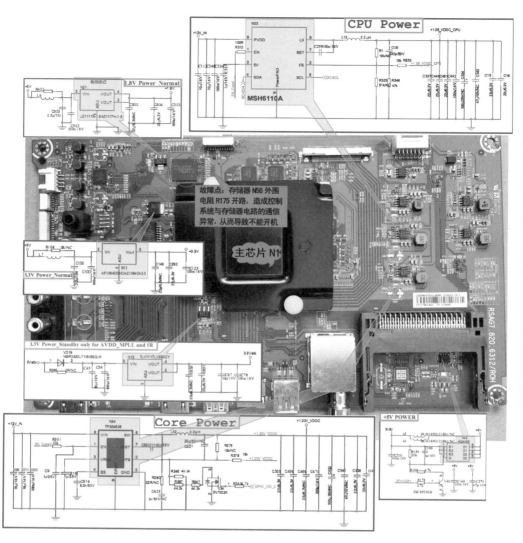

图4-74 主板与相关电路

提示 该机主板型号为RSAG7.820.6312/ROH。开/待机控制管V18工作不正常,不仅影响电源工作,同时影响主板 N42无法输出5V,这样主板N41、N45、N11、N21、N33、N34等DC-DC转换块都不会工作,同时电源电路中的PFC、背光电路等都不会工作,出现整机不开机故障。

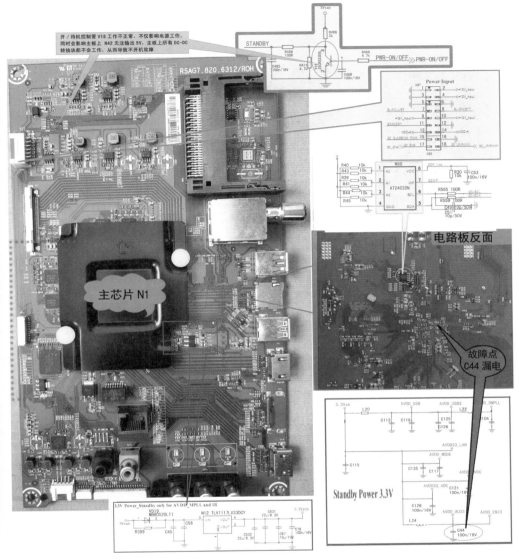

图4-75　主板与相关电路

例13　海信LED55T28GPN型液晶电视开机后有伴音，但屏幕呈灰暗

维修过程： 首先检测逻辑板VGH、VGL电压正常，怀疑主板有问题；检测主芯片LVDS信号输出电压为1.18V左右正常，但测倍频芯片输出的LVDS信号电压不正常，说明倍频芯片没有工作；检测芯片3.3V供电、复位及晶振G1正常；测内核1.2V为0V，但检测1.2V DC-DC稳压器供电输入正常，内核供电和DDR供电1.8V、3.3V均

第四章　液晶电视的故障维修案例

137

正常；再沿路检查发现N2（MP1482）损坏。主板及相关电路如图4-76所示。

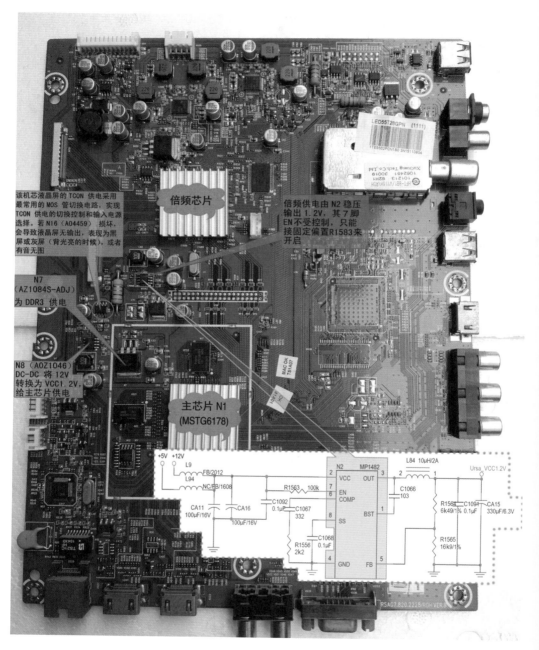

图4-76　主板及相关电路

故障处理：更换N2后故障排除。

图解液晶电视机维修一本通

例14 海信LED55T36GP型液晶电视开机后指示灯不亮，整机呈"三无"状态

维修过程：拆开机壳，首先检测电源板上副电源无5VS输出，检查PFC滤波电容C822、C824正端也无300V左右电压，且熔丝F801也已烧断，故判断电源板存在短路击穿问题。检查RT801和进线抗干扰电路、整流滤波电路和电源板上的MOSFET开关管，发现尖峰吸收电路中电容C902损坏造成副电源厚膜电路N975（TNY175）击穿，从而导致此故障。电源板实物与相关电路如图4-77所示。

故障处理：更换F801、N975、C902后故障排除。

例15 海信LED65EC780UC型液晶电视不能二次开机

维修过程：拆开机壳，检测电源板与主板上无明显异常元件，再测主板上所有供电电压（DC-DC及LDO电路的输入、输出电压）均正常，试连接电脑查看开机打印信息，无显示，手摸主芯片（MSD6A828EV-8-005F）烫手严重，怀疑主芯片内部存在短路，试更换主芯片后仍不能二次开机，但有打印信息，检测N50（K24C32）、N60～N63（DDR3）及周围元件，发现当短接存储器N50（K24C32）的5、6脚，加电开机，30s后断开5、6脚能二次开机，说明存储器N50的内部存在问题。主板实物与相关电路如图4-78所示。

故障处理：更换存储器N50后故障排除。

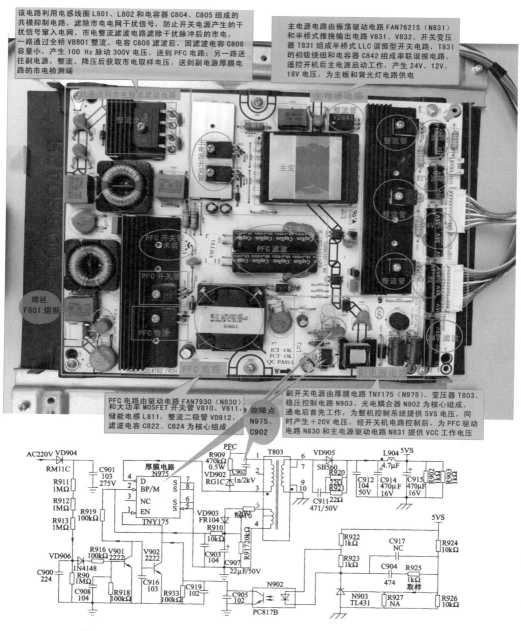

该电路利用电感线圈 L801、L802 和电容器 C804、C805 组成的共模抑制电路，滤除市电电网干扰信号，防止开关电源产生的干扰信号窜入电网。市电整流滤波电路滤除干扰脉冲后的市电，一路通过全桥 VB801 整流、电容 C808 滤波后，因滤波电容 C808 容量小，产生 100 Hz 脉动 300V 电压，送到 PFC 电路；另一路送往副电源，整流、降压后获取市电取样电压，送到副电源厚膜电路的市电检测端

主电源电路由振荡驱动电路 FAN7621S（N831）和半桥式推挽输出管 V831、V832、开关变压器 T831 组成半桥式 LLC 谐振型开关电路，T831 的初级绕组和电容器 C842 组成串联谐振电路。遥控开机后主电源启动工作，产生 24V、12V、18V 电压，为主板和背光灯电路供电

PFC 电路由驱动电路 FAN7930（N830）和大功率 MOSFET 开关管 V810、V811、储能电感 L811、整流二极管 VD812、滤波电容 C822、C824 为核心组成

故障点 N975、C902

副开关电源由厚膜电路 TNY175（N975）、变压器 T803、稳压控制电路 N903、光电耦合器 N902 为核心组成。通电后首先工作，为整机控制系统提供 5VS 电压，同时产生 +20V 电压，经开关机系统控制后，为 PFC 驱动电路 N830 和主电源驱动电路 N831 提供 VCC 工作电压

图4-77　电源板（RSAG7.820.4162）实物与相关电路

例16　海信LED66MU7000U型液晶电视输入TV、AV等多种信号源均无声

维修过程：根据现象判断故障在伴音功放电路及主芯片的音频处理电路。检修

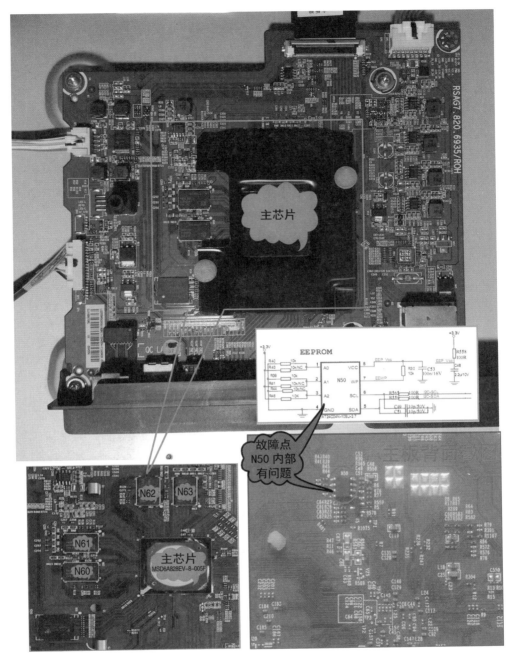

图4-78 主板实物与相关电路

时首先检测功放N81（NTP8204）的供电（12V及3.3V）是否正常，若供电正常，则检测N81的8脚静音控制电压是否有3.5V，若电压失常，则检查8脚外接静音电路中元件是否有问题；若以上检查均正常，则检测功放N81的44脚I²C总线地址识别电压是否有3.3V，10脚总线地址识别电阻R377是否良好，主芯片N1与N81之间的I²C总线通道元件R368、R369是否正常，3～5脚及45脚外接的I²S总线电阻R364～R366、R380等元件是否有问题。主板实物与相关电路如图4-79所示。

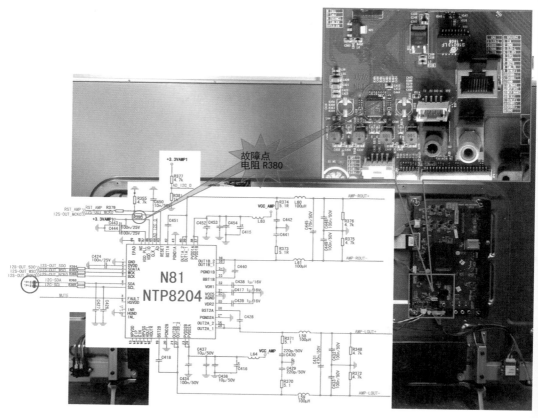

图4-79　主板实物与相关电路

　　故障处理：本例查为电阻R380开路，从而引起此故障，更换R380后故障排除。

 该机主板型号为RSAG7.820.6312/ROH。

 海信LED70MU7000U型液晶电视出现花屏故障

　　维修过程：出现此故障时，首先用万用表检测画质处理芯片N2（HS3700）与TCON组件插座（上屏插座XP5）间的耦合电容C1022～C1037两端对地电阻是否正常，若某通道阻抗异常，则检查此通道上元件是否有问题。检查耦合电容正常，则检测上屏供电，测N44的5~8脚电压是否正常，若无12V电压，则检查N44及V36、V38组成的开关控制电路是否有问题；若12V电压偏低，则检查电源提供给N44电压及N44输出端电容C528、C529是否有问题。主板实物图与N44相关电路如图4-80所示。

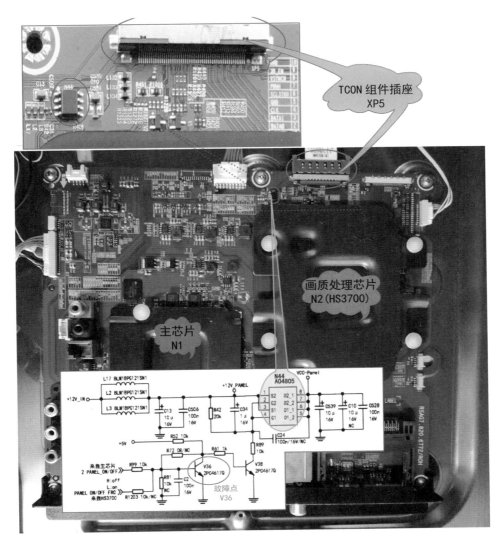

图4-80　主板实物图与N44相关电路

故障处理：本例查为上屏电压控制电路中V36不良造成花屏故障，更换V36后故障排除。

例18 海信TLM47V78X3D型液晶电视开机无伴音

维修过程：对于此类故障首先用耳机试机检查耳机伴音输出是否正常，然后检测伴音功率放大电路N801（TAS5707）两路输出电压是否正常，再检测总线电压（3.28V）、静音电压（2.68V）、25脚（RESET）电压是否正常，最后检查N801（TAS5707）及外围元件是否有问题。实际维修中多因N801外围电容C8009（10V1UF）漏电造成25脚（RESET）电压偏低、功率放大IC两路输出电压偏低，从而引起此故障。N801相关电路与主板（SRAG7.820.4337）实物如图4-81所示。

故障处理：更换电容C8009后故障排除。

第五节 TCL液晶电视的故障维修

例1 TCL D55A561U型液晶电视开机正常，但工作后马上自动关机

维修过程：接上假负载，检测电源板输出电压失常，说明故障在电源板上。首先检测PFC输出电压是否正常，若电压正常，则检查输出电压的整流滤波元件，若PFC输出电压失常，则检查PFC芯片（U301 FAN7930C）的供电电路及电压检测电路是否有问题；若以上电路检查均正常，则检查保护电路是否有问题。电源板与相关电路如图4-82所示。

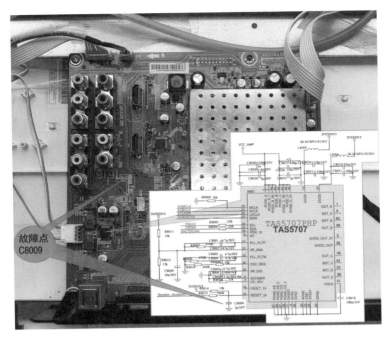

图4-81　主板实物与N801相关电路

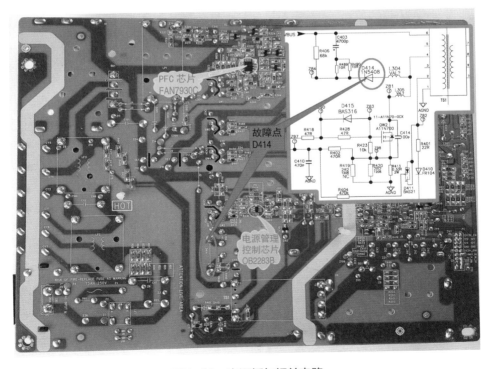

图4-82　电源板与相关电路

故障处理：该机检测保护电路时，发现尖峰吸收电路中D414的负极电压在有负载时为389V，和PFC电压一样，说明尖峰吸收不起作用，经查为D414（1N5408）存在软击穿。更换D414后故障排除。

> **提示** 在液晶电视开关电源中，除具有常见的尖峰吸收保护电路外，还设有+24V、+12V和+5V电压的过压、过载保护电路。

例2 TCL D55A561U型液晶电视开机后指示灯亮，但屏闪烁或黑屏，背光不亮

维修过程：检测背光亮度，开关电压均正常，再检测背光升压电路中U401（OZ9976）15脚（供电端）有12V，基准电压VREF+6V也正常，但升压MOS管（QW3、QW4）不工作，检测为L302的5、6脚开路，查为L302的引脚虚焊。电源二合一板及背光电路相关部分如图4-83所示。

故障处理：重焊L302后故障排除。

> **提示** 电源二合一板型号为40-LH9211-PWB1XG。当Q409击穿会造成背光电路保护，此时测背光U401的12V供电正常，基准电压VREF+6V也正常，但背光闪一下即灭。

例3 TCL L48E5000E型液晶电视不能开机，但电源红灯亮

维修过程：首先检测数字板12V、24V、5V电压，发现无5V电压输出，重点检查5V DC-DC转换电路。检查U006和Q001（D13N3L），测得Q001的5、6脚有控制电压POWER（正常时应该有5V 左右电压），沿路检查发现R042 开路。机芯板（40-MT01E0-MAH2XG）与相关电路如图4-84所示。

故障处理：更换电阻R042后故障排除。

> **提示** 该机采用MT01C机芯。5V电路是由U006、Q001 转换出来的，由数字板12V 供给U600（RT8110B）的7脚，处理后由Q001 转换出来维持在5V。

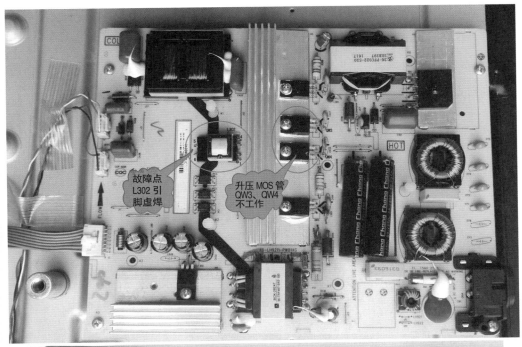

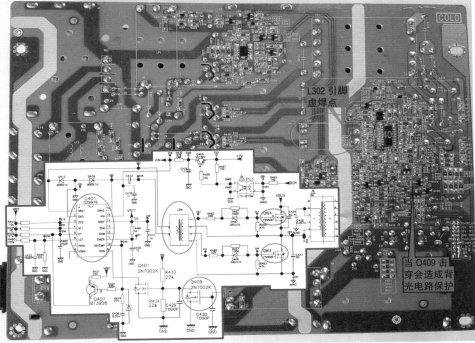

图4-83 电源二合一板及背光电路相关部分

图4-84　机芯板（40-MT01E0-MAH2XG）与相关电路

例4 TCL L55E5690A-3D型液晶电视通电后黑屏，但伴音正常

维修过程：测逻辑板上屏12V电压（PANEL_VCC）为0V，再测上屏电压控制

管的源极，无＋12V电压。该电压是＋24V电压经DC/DC转换器U004（AOZ1084PI）降压后获得。经查，U004的输入端的＋24V电压正常，但输出端的＋12V电压不足＋10V，并随后降为0V，且U004表面烫手。由此得出，+12V电压负载存在短路故障。为了缩小故障范围，断开逻辑板供电试机，U004输出的＋12V电压正常，据此表明逻辑板电路短路。采用断路法检查，发现屏接口插座P1403的45～51脚外接旁路电容C1406漏电。

故障处理：更换C1406后试机，故障排除。

例5 **TCL L55V6200DEG型液晶电视开机一段时间后不定时出现有声音无图像，背光板亮**

维修过程：拆开机壳，检测插座P2002（LVDS OUT1）处无LVDS信号输出，说明MEMU倍频处理电路U1902（MST6M20S）没有工作。检测U1902的供电、总线、晶振电压正常，再检查复位电路Q1901、C1901（2.2μF）、C1909（10μF）等元件，发现C1901（2.2μF）和C1909（10μF）不良。主板（40-MS48IS-MAC4XG）及复位电路如图4-85所示。

故障处理：更换C1901（2.2μF）和C1909（10μF）贴片电容后故障排除。

提示 该机采用MS48IS机芯。因热机时才出故障，检修时可采用加热法进行排查。该机在对U1902电路一边加热一边测量其供电时，发现测复位电路Q1901的c极电压由3.2V缓慢下降到2.4V后故障出现，说明其复位电路有问题。

例6 **TCL L58X9200A-3D型液晶电视通电后指示灯亮，但整机呈现"三无"状态，不能二次开机**

维修过程：首先检测电源板输出电压均正常，再检测机芯板（如图4-86所示）各个供电（主电源电路24V、待机电源电路3V3SB、12V电源、5V电源、3.3V、2.5V、1.5V等），发现无3.3V、2.5V、1.5V、5V，因3.3V、2.5V、1.5V电压是由5V提供的，但测无5V电压，故判断故障在24V至5V的DC-DC电路。检查Q004（AO4832）、U004（RT8110B）、U005（RT8110B）及其外围元件，发现U005的6脚（过流保护监测脚）外接电容C039失效。

故障处理：更换电容C039后故障排除。

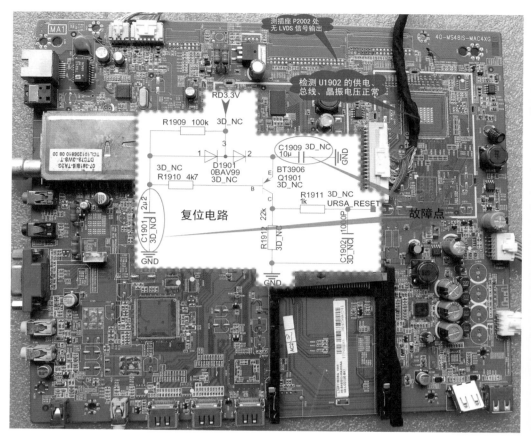

图4-85 主板（40-MS48IS-MAC4XG）及复位电路

提示 该机采用MS801机芯。U005的6脚是过流保护监测脚，此脚外接电容C039到5脚，起到保护作用。24V、3V3SB电源设置在电源板，其中3V3SB电源是不受控电源，通电后就会进入工作状态，为微控制系统提供3.3V工作电源。24V电源是受控电源，开机时来自微控制器电路的待机/开机信号POWER_ON为高电平时，24V电源才能工作并输出24V电压；待机时POWER_ON为低电平，24V电源无电压输出。

例7 TCL L65E5690A-3D型液晶电视HDMI无图像，其他信号源正常；有时还出现遥控关机后不能二次开机

维修过程：首先检查HDMI信号，检查HDMI线接口与机芯板（如图4-87所示）上的HDMI接口接触良好；再测量HDMI接口处U403（SI9687）供电3.3V和1V电压

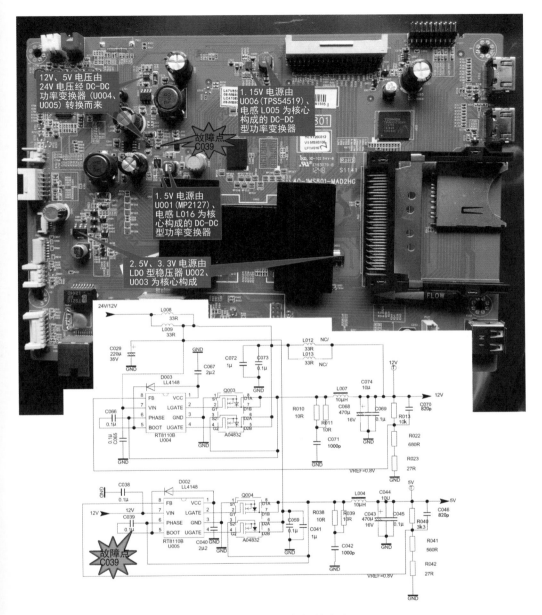

图4-86 机芯板与相关电路

正常，总线电压也正常；怀疑软件有问题，升级最新版的主程序和引导程序，故障依旧；再检测U301（RT9721）各脚电压，发现5脚有5V电压（正常时是无电压的），经查为U301击穿后5V电压直接进入U403，导致U403不能正常工作，引起总线数据工作不正常，从而引起此故障。

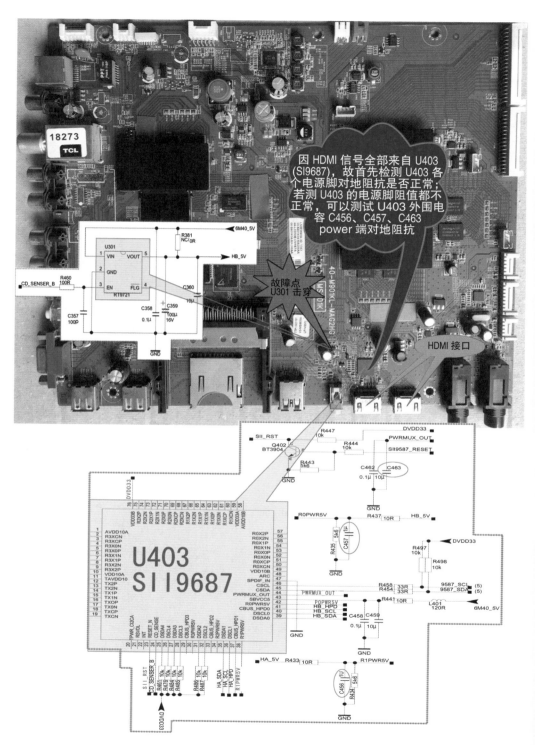

图4-87　机芯板与相关电路

图解液晶电视机维修一本通

故障处理：更换U301后故障排除。

> **提示** 该机采用MS901K机芯。U301（RT9721限流开关）只有当插入具有MHL功能的手机时，此IC才工作；在HDMI设备工作时，此IC 不工作。因HDMI信号全部来自U403（SI9687），故首先检测U403各个电源脚对地阻抗是否正常；若测U403的电源脚阻值都不正常，可以测试C456、C457、C463电容power端对地阻抗。当测量电路电压都正常时，还可重新烧录Mboot，HDMI也会工作正常。

例8 TCL L65E5690A-3D型液晶电视工作几分钟后自动关机，整机处于待机状态

维修过程：怀疑是软件故障，首先升级主程序和最新的引导程序后故障依旧；开机瞬间用万用表检测5V、3.3V、1.25、2.5V、1.15V各组电压均正常，但在关机瞬间时发现1.15V电压掉到0V，检查U008（WP8606DL）及其外围元件（如图4-88所示），发现电感L002不良。

故障处理：更换电感L002后故障排除。

> **提示** 该机采用MS901K机芯。+5V电压经U008（MP8606DL）降为VDDCIV15电压，为主芯片U400（MSD6A901IV）内核供电，当U008供电异常时BGA没有准确的数字供电，就会导致BGA不工作。

例9 TCL L65E5690A-3D型液晶电视开机后有图像，但无声音

维修过程：首先升级软件后故障依旧，重点检查伴音功放电路。测伴音功放U701（TAS5707）供电脚2、3和43、44脚24V正常，用示波器测量信号输入39、40脚和34、35脚也有信号输入，测开/关机静音端19脚也有3.1V；再测U701音频信号输入端15、20～22脚的时钟与数据信号波形也正常；接下来测得静音端25脚为低电平，明显异常，经查为外围电阻R729开路。主板及功放相关电路如图4-89所示。

故障处理：更换电阻R729后故障排除。

> **提示** 该机按遥控器静音键时，是通过主控芯片U400（MS901）临时关断一路送往U701的时钟信号来实现的。考虑到有的机型是利用TAS5707的复位端25脚来实现静音的，当25脚为低电平时静音。

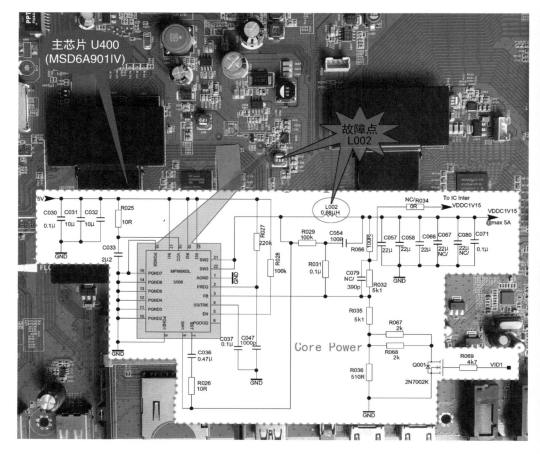

图4-88　主板实物与U008相关电路

TCL L65E5700A-UD型液晶电视所有信号源均无声音

　　维修过程：首先检测功放UP2（TAS5707）是否有输出，若有输出，则检查滤波电路及扬声器是否正常；若无输出，则检查主芯片声音输出到功放是否有信号、I²C及I²S总线是否正常；若主芯片U500（RT2995）有声音输出到功放，则检查功放供电（24V和3.3V）及软硬件静音是否起作用，检测功放RESET信号是否正常；若主芯片无信号输出，则检查主IC及外围元件。主板实物与功放电路如图4-90所示。

　　故障处理：本例故障为RP210不良引起，更换RP210后故障排除。

提示　该机采用RT95机芯，该机芯功放电路中无硬件复位和静音电路，MUTE 信号是通过RP210 直接上拉为3.3V，AMP_RESET 信号由主IC 控制输出。

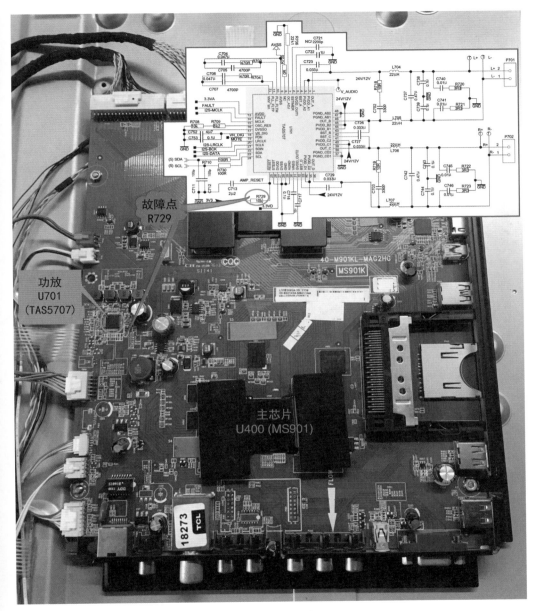

图4-89 主板及功放相关电路

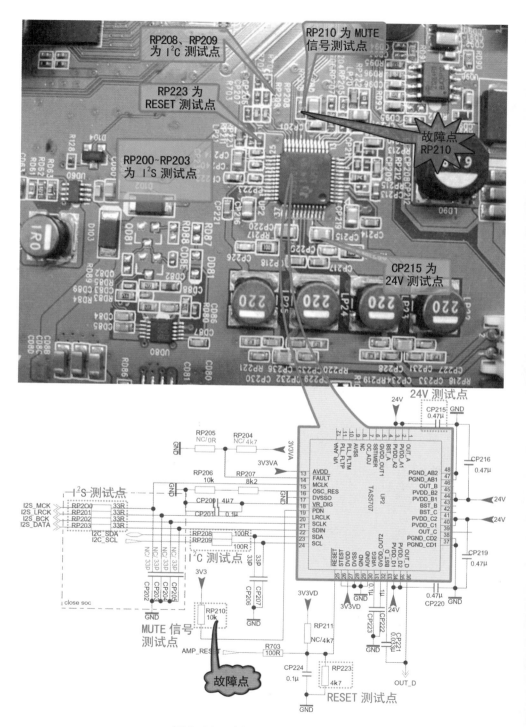

图4-90 主板实物与功放电路

例1 康佳LC46TS86N型液晶电视网络/USB状态黑屏，且网络部分指示灯VDM06一直不亮，其他状态正常

维修过程：首先检查网络主芯片NU01（CC1100），发现其1.4V供电电压为0V；再检查DC-DC电源转换电路，测NM08（MP2307DS）2脚有12V输入电压、7脚（使能端）有3.3V高电平、但8脚（软启动端）3.5V电压仅为0.18V，经查为NM08的8脚外围电容CM81失效造成8脚电压偏低，从而造成此故障。主板与DC-DC电源转换电路如图4-91所示。

图4-91 主板与DC-DC电源转换电路

故障处理：更换电容CM81后故障排除。

提示 该机采用MSD209机芯。CM81（0.1μF）为软启动时间设定电容，若该电容损坏，应急维修时可去掉不装。1.4V电压是通过NM08（MP2307DS）降压转换得到，故重点检查以NM08为核心的DC-DC转换电路。

例2 康佳LC55FT68AC型液晶电视开机后无光，但有声音且能遥控开关机

维修过程：由于该机有声音和能遥控开关机，故排除程序存储器与芯片通信有问题的可能，应重点检查背光相关电路（如图4-92所示）。测背光排插XS809的1脚

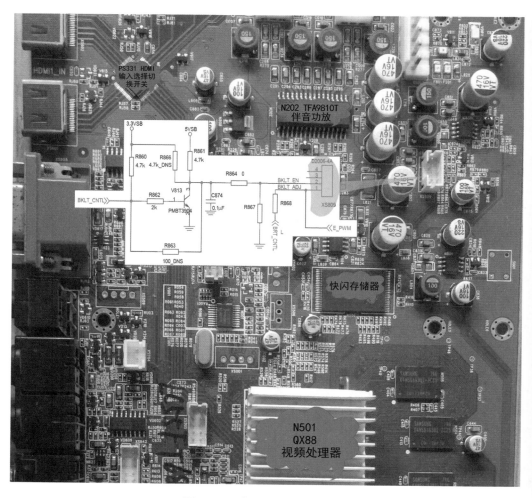

图4-92　背光相关电路与实物

（背光亮度调节）与2脚（背光开关）电压，发现2脚电压为0V，再测QX88控制脚电压也失常，此时把QX88控制脚短路（模拟一个打开背光的信号），此时图声正常，只是每次开机时背光不会延时几秒才亮（QX88不能进行背光延时控制），经查为软件方面问题造成QX88控制脚输出电压失常，从而导致此故障。

故障处理： 取消对QX88控制脚的短路，连接U盘，通过USB对该机进行软件重新写入，试机故障排除。

提示 该机采用QX88机芯，主板为35014069，屏为LTA550HF02。正常开机背光要延时4～5s才会亮，怀疑是QX88部分电路损坏造成控制脚输出电压异常，但是大规模集成电路个别脚损坏的可能性较小，故判断是软件方面引起的。

例3 康佳LED42IS95D型液晶电视通电后红灯亮，但不能开机

维修过程： 通电测主板电源接口XS803的5脚5V正常，7脚开关机控制电压为0V低电平，显然主板没有开机信号送出，进一步检查各路供电：N803（1.5V）、N804（2.5V）、N809（3.3Vstb）、N807（3.3V_Normal）正常，但测N801（AP3501）无输出，测2脚有5V输入电压，但7脚（EN）电压仅为0.87V左右，试断开N801的7脚外接电容C809后故障依旧；再沿路检测，发现R550下端电压为正常值3.3V，经查为电阻R811虚焊。主板实物及相关电路如图4-93所示。

故障处理： 重焊电阻R811后故障排除。

提示 N801的7脚电压由N809（3.3V）经电阻R550提供，再经R811送到N801的7脚。

例4 康佳LED42MS11PD液晶电视开机后背光亮、无图像（即灰屏）

维修过程： 主板、液晶屏逻辑板、液晶电视连接线等有问题均会引起灰屏。拆开机壳，检查主板各个电压点，先检查主板各个电压点12V、5V、3.3V、1.8V都正常，检查逻辑板上屏12V供电电压正常，VDD为3.3V，但VADD仅为2.7V，不正常，VGH与VGL电压点为0V，故说明故障在逻辑板本身、屏或屏边板有问题。该机的逻辑板是双排线与屏连接，先试断开逻辑板与屏之间的一条排线，再测逻辑板电压恢复正常，由此判断屏边板有可能短路保护。开屏检查，屏边板的元件比较小，检查时按照由简单到复杂的思路，经查为VADD16V电容C107漏电接近短路，如图4-94所示。

故障处理： 更换电容C107后故障排除。

图4-93 主板实物及相关电路

提示 判断液晶电视逻辑板电路的方法：①检测逻辑板上由数字图像处理电路送来的输入视频信号波型，若有正常的波型输入，说明前面的数字图像处理电路工作正常；②检测逻辑板上输入电压正常，说明电源供电电路工作正常；③检测逻辑板上屏线接口输出的液晶屏驱动信号波形，若无正常的液晶屏驱动信号波形输出，则有可能是逻辑板电路有故障。

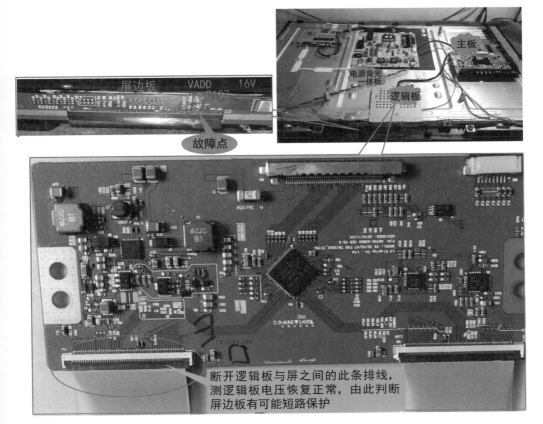

图4-94 主板、逻辑板、屏边板相关实物

例5 康佳LED50M6180AF型液晶电视开机后图像正常，但无声音

维修过程：由于该机图像正常，故重点检查伴音相关电路。首先检测伴音功放N202（MSH9010）电源脚（13、24脚）有12V电压，伴音功放1、12脚（左、右声道）外接输入电容C210、C225的输入端有1.5V电压，4脚有5V电压，但5脚（静音控制端，EN）电压为0V，经查为V214损坏。康佳LED50M6180AF主板（6A800HTAB平台，主板35018441）实物与相关电路如图4-95所示。

故障处理：更换V214后故障排除。

提示 该机采用MSD6A800机芯。N206（复位IC）为常坏件，它损坏后会引起静音电路无供电，从而导致电视机无声音。

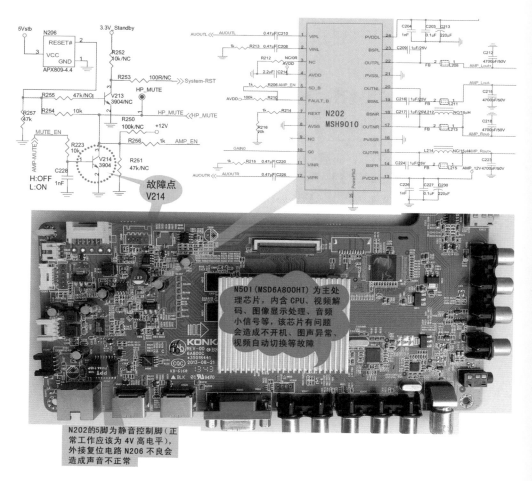

N501（MSD6A800HT）为主处理芯片，内含 CPU、视频解码、图像显示处理、音频小信号等，该芯片有问题会造成不开机、图声异常、视频自动切换等故障

N202的5脚为静音控制脚（正常工作应该为 4V 高电平），外接复位电路 N206 不良会造成声音不正常

图4-95　主板（35018441）实物与相关电路

例6 康佳LED55IS95D（2BOM）型液晶电视开机时有开机音乐、背光亮，但无显示

　　维修过程：检修时首先检测N301（MST6M30）处理部分的各组供电（3.3V、1.8V、1.3V），发现1.3V电压为0V，测1.3V电压输出端对地无明显短路现象，检查由降压块N809（SY8123）及其外围元件组成的1.3V电压形成电路，测N809的2脚有正常的5V输入电压，6脚（使能控制）有正常的1.8V高电平，故判断电源芯片SY8123损坏。主板与相关电路如图4-96所示。

　　故障处理：更换SY8123后故障排除。

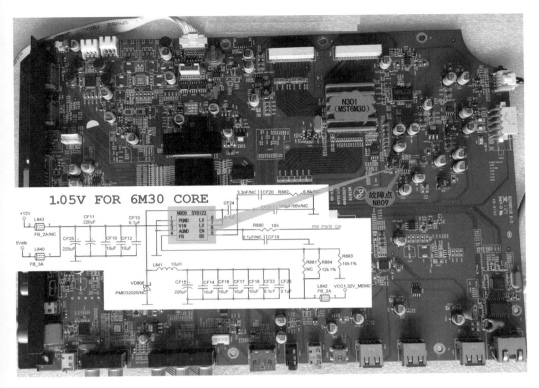

图4-96　主板与相关电路

该机采用MST6i78+MST6M30RS机芯，主板型号为35015699。若无SY8123，可用与 SY8123（输出电流为3A）参数相近的SY8122（输出电流为2A）代换；一般代换原则是输出电流大的可以代换输出电流小的，反之不可代换。

例7 康佳LED55R7000PD型液晶电视通电后指示灯不亮，整机呈"三无"状态

维修过程：首先检测主板电源输出，测得排插XS803的5脚有5V电压，3脚无12V电压输出，7脚开关机控制为低电平；再检测主芯片N501（MSD6I982BX）的各组供电（1.2V、1.5V、2.5V、3.3Vstb、3.3VA、3V3_Normal）电压，发现3V3_Normal电压偏低较多；沿路检测到三端稳压器N803的输入端无5V电压，经查V809（AO3401A，P沟道增强型场效应管）、V810、R835等元件，发现电阻R835虚焊造成V810基极电压偏低（正常值为5V）、N803输入端无5V电压，从而导致此故障。N803相关电路与实物如图4-97所示。

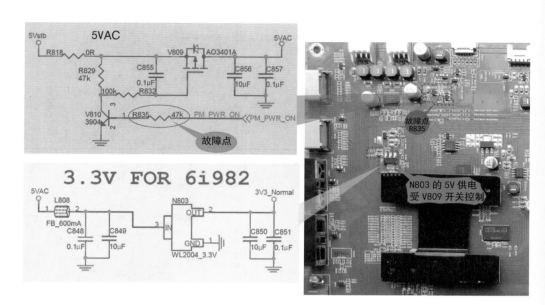

图4-97　N803相关电路与实物

故障处理：重焊R835后故障排除。

提示　该机采用MSD6I982BX机芯。N803的5V供电受V809（AO3401A）开关控制，测V809的源极（S）输入电压为5V，栅极（G）为5V高电平，漏极（D）输出为0V；V809要导通输出5V，必须保证其栅极（G）为低电平；又因V809栅极电压受控于V810，故检测V810基极电压。

第七节　小米液晶电视的故障维修

例1　小米L40M2-AA型液晶电视通电后开机后能显示"MI"字样，但随后自动关机

维修过程：拆开机壳，目测电源板上没有明显异常元件；检测电源板上各路电压，300V滤波电容CP817电压始终在300V左右，PFC电压过低（正常值应为380以上，390～400V）；再检测PFC电路，发现PFC芯片ICP801（S3051，全称SEM3051）的供电在通电时有13.98V，而待机时无电压，检查PFC电路电压取样电路及芯片外围元

件。断开负载通电测PFC电路取样电阻RP834～RP837的开路电压，发现RP834两端电压为15V，其他三个电阻两端电压为83V左右，经查为取样电阻RP834背胶漏电所致。电源板实物如图4-98所示。

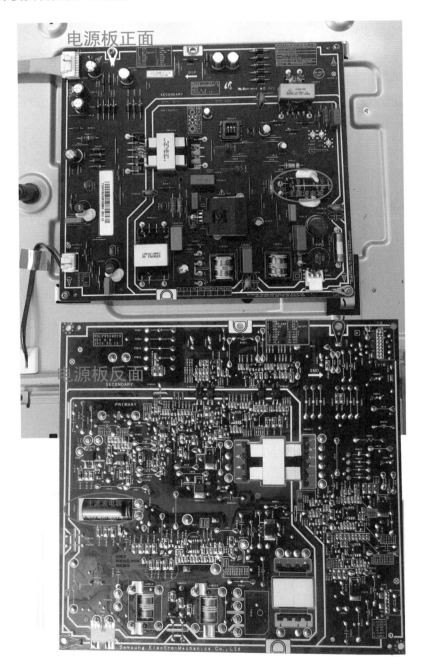

图4-98　电源板实物

故障处理：焊下电阻RP834，小心清理背胶，重新装上电路板，测PFC电压升为380V，故障排除。

提示　电源板为PSLF850401X。电源板的关键测试点：插座CON2的5脚（PS-ON，开机电压为4.37V），15脚（+5V）及9、11脚（+12V）。另外，CON2的6脚为BL ON/OFF端，正常电压为3.234V；CON2的2脚为DIM端，正常电压为3.098V。

例2　**小米L47M1-AA型液晶电视通电后指示灯不亮，不能开机**

维修过程：首先拆开机壳，首先目测电源板上是否存在明显异常元件；若无异常元件，再检查电源输入回路中压敏电阻、熔丝等元件是否有问题；若电源输入回路无异常，则检测电源板上各路输出电压是否正常，如整流滤波后的300V电压、PFC电路输出380~400V电压、副开关电源电路输出端的+5VSB电压是否正常；

开关电源定性理解

若测主电源滤波电压为300V，则说明PFC电路没有工作，此时应检查由IC801（NCP1608）为主组成的PFC电路是否有问题；若测IC801的8脚（VCC启动端）无电压，则检测由IC901（DDA010）为主组成的副电源电路是否有问题。电源板实物及相关电路如图4-99所示。

故障处理：本例检测为副电源电路中整流管D950（SB2100）击穿短路，使+5VSB输出电压为0V，引起PFC电路IC801的8脚无启动电压从而导致此故障。更换D950后故障排除。

提示　电源板型号DPS-134DP。

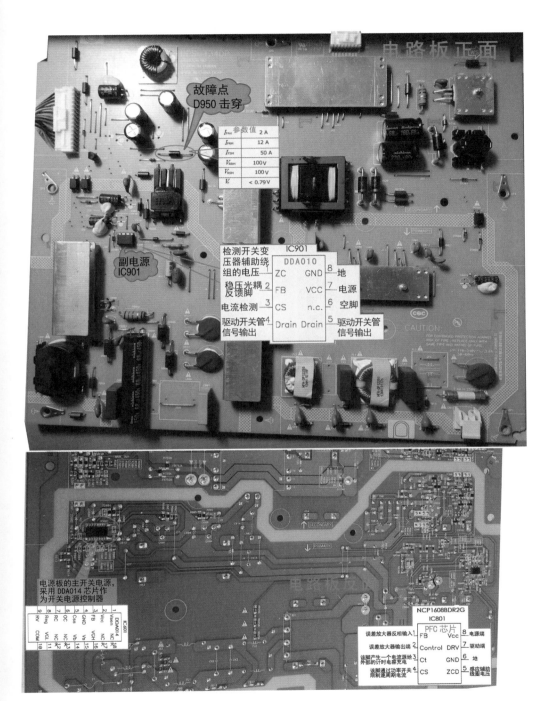

故障点
D950 击穿

参数值	2 A
I_{FAV}	2 A
I_{FRM}	12 A
I_{FSM}	50 A
V_{RRM}	100 V
V_{RSM}	100 V
V_F	< 0.79 V

电路板正面

副电源
IC901

检测开关变
压器辅助绕
组的电压
稳压光耦
反馈脚
电流检测
驱动开关管
信号输出

IC901

DDA010	
ZC	GND	8 地
FB	VCC	电源
CS	n.c.	空脚
Drain	Drain	驱动开关管信号输出

电路板反面

电源板的主开关电源,
采用 DDA014 芯片作
为开关电源控制器

误差放大器反相输入
误差放大器输出端
该脚产生一个电流源给
外部的计时电容充电
该脚通过功率开关
限制逐周期周电流

IC801
NCP1608BDR2G

PFC 芯片	
FB	Vcc	电源端
Control	DRV	驱动端
Ct	GND	地
CS	ZCD	感应辅助绕组电压

图4-99　电源板实物及相关电路

夏普LCD-60LX848A 型液晶电视通电后指示灯不亮，也不能开机

维修过程：出现此故障时，首先检测电源板是否有问题，检测保险电阻F7001正常；再检测副电源5V电路，测D7950负极为5V，电源板输出电压插座PD-15脚（BU5V）电压正常；将电源板取下，在排插PD的BU5V（PD-15）端与PS-ON（PD-14）、PNL-POW（PD-16）、AC-DET（PD-13）、STB（PD-24）端之间分别接一只1kΩ电阻，测电源板输出电压插座PNL各脚电压（1脚12V、2脚12V、5脚13.2V、6脚13.2V、7脚13.2V、8脚13.2V）均正常，故判断故障在主板上。测主板上IC9605的1脚有电源板送来的BU5V供电，但其5脚无3.3V电压输出，经查为IC9605损坏。主板与电源板及相关电路如图4-100所示。

故障处理：更换IC9605后故障排除。

提示 主板型号为QPWBXF953WJN1，电源板型号为RUNTKA934WJQZ。

例2 **夏普LCD-60E77A型液晶电视HDMI输入时无伴音**

维修过程：首先检查喇叭是否正常，若喇叭正常，再检测输入端（INPUT1、INPUT2、INPUT3）是否有音频输出；若输入端无音频输出，则检测端口处理器IC1507（SiI9287）56～63脚输出的波形是否正常，若56～63脚输出失常，则检查IC1507及外围电路是否有问题；若56～63脚输出波形正常，则检测主芯片IC801（FLI32652H-BF）输入波形及34（119）（196）（266）脚的I²S信号是否正常；若IC801正常，则检查IC1301（STA333W）13脚（L-CH）与6、9脚（R-CH）音频信号输出是否正常；若IC1301输出的音频信号失常，则检查IC1301及其外围电路是否有问题；若IC1301正常，则检测接插件P1302的1、2脚和3、4脚是否有左、右音频信号输入。主板与音频放大电路如图4-101所示。

故障处理：本机查为IC1301（STA333W）有问题从而引起此故障，更换IC1301后故障排除。

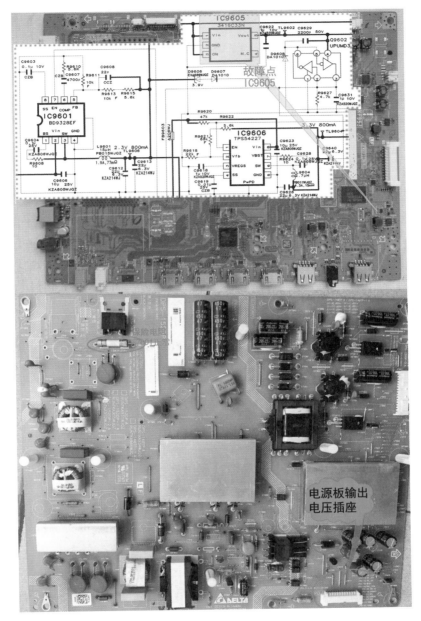

图4-100 主板与电源板及相关电路

 主板型号为QPWBXF953WJN1。

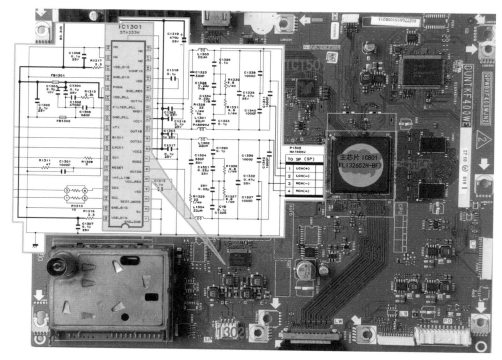

图4-101　主板与音频放大电路

例3 **夏普LCD-60E77A型液晶电视通电后指示灯不亮，按开机键无反应**

　　维修过程：首先检测主板上插座P2801的11脚BU+5V电压是否正常，无BU+5V电压，则检查电源板；若P2801的11脚电压正常，则检测P2801的10（AC_CTRL）、12（PNL_ON）控制信号是否正常；若10、12脚控制信号失常，则检查AC_CTRL和PNL_ON信号线；若10、12脚控制信号正常，则检测P2801的1～4脚13.5V电压是否正常，若测P2801的1～4脚电压失常，则检查电源板，若P2801的1～4脚电压正常，则检查主板上DC-DC转换器和控制线上的输出电压，如IC2809上的3.3V、IC2802上的B2.5V、IC2811上的B3.3V、IC2806上的5.4V、IC2813上的1.8V、IC2801上的9V、IC2822上的BU3.3V。主板与电源板及相关电路如图4-102所示。

　　故障处理：本例查为IC2822不良造成主板上DC-DC电路无输出电压，而导致此故障，更换IC2822后故障排除。

该机主板型号为QPWBXF400WJN2。IC2822 是一块将5V电压变换成3.3V的DC-DC芯片。

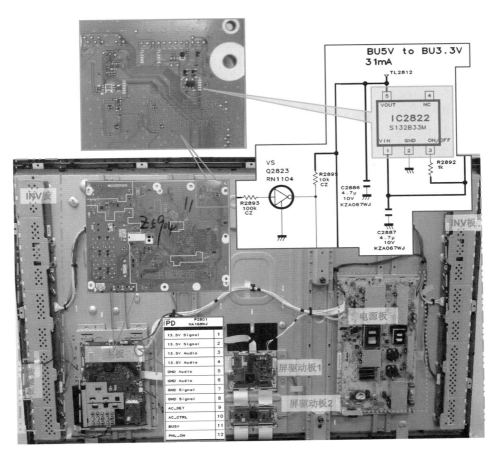

图4-102　主板与电源板及相关电路

第五章

液晶电视 的 维护保养

一、日常养护

液晶电视的日常养护主要有以下几个方面。

① 防止液晶电视屏幕划伤、扭曲或撞击。不管是软屏液晶电视还是硬屏液晶电视，都不能划伤、扭曲或撞击，否则会造成致命的伤害，甚至报废整个液晶屏。

② 防止液晶电视受潮、蒙尘、遭雷击。液晶电视应工作在相对干燥、干净的环境中，在潮湿的环境中开启液晶电视之前，先应该除湿或风干（液晶电视机对湿度非常敏感，其对空气湿度要求较为苛刻，正常湿度保持在40% ～70%最佳，如图5-1所示，如果湿度高于80%，液晶电视内部有可能产生结露现象，会导致液晶电视内部漏电和短路），待液晶电视表面没有水汽时才能开机，否则容易出现伴音失常、内部短路不能开机的故障。液晶电视的防尘工作较为简单，当液晶电视长时间不使用

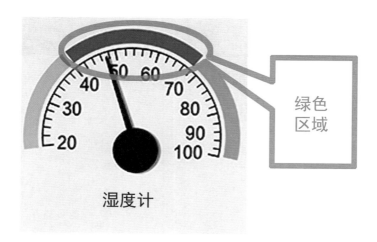

图5-1 正常湿度范围

时，可给液晶电视加盖防尘罩。液晶电视的防雷工作特别重要，特别在南方多雷电地区，可给液晶电视的供电电源配备一只防雷插座（如图5-2所示）。

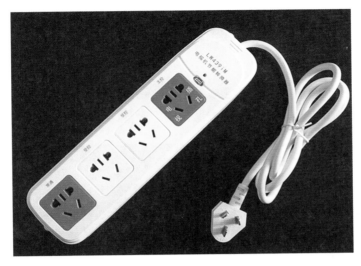

图5-2　防雷插座

③ 防静止画面长时间停留损坏液晶电视。长时间播放固定的静止画面容易使屏幕局部受到灼伤而产生画面残影，平时使用时应开启液晶电视的屏幕保护功能，当静止画面长时间停留在屏幕上时，电视的屏幕保护功能启动，从而保护屏幕不被灼伤损坏。

可以有效清洁各类油渍、污垢，抗静电配方，避免二次污染

图5-3　屏幕专用清洁套装

④ 平时使用时，建议采用液晶电视屏幕推荐的最佳分辨率。因为液晶电视的显示原理是采用一对一的显示方式，在推荐的显示分辨率下液晶电视才能成像最优质的画面，同时也是对液晶屏幕的一种保护，可有效延长液晶电视的使用寿命。

⑤ 定期清洁液晶电视屏幕。屏幕清洁一定要小心，如果屏幕上只有一点灰尘，采用一块微湿的软棉布轻轻地擦去灰尘即可，如果屏幕比较脏，则可以选用屏幕专用清洁套装（如图5-3所示）进行清洁。切不可用粗糙毛巾或者化纤织物擦拭，这样会损伤屏幕的保护层。在清洁屏幕时，绝对禁止向液晶屏表面倾倒任何液体，特别是酒精等腐蚀性液体。

二、软件维护

新型液晶电视的功能已接近电脑，既具有系统硬件也具有系统软件（如图5-4所示），系统软件需要进行设置（如图5-5所示）、维护（如图5-6所示为恢复出厂设置）

图5-4　系统软件

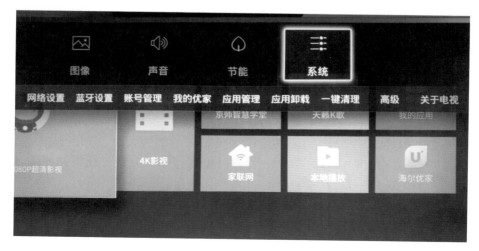

图5-5　系统设置

和更新（如图5-7所示为系统升级），需要经常进行系统体检（如图5-8所示的系统清理和图5-9所示的网速测试及网络诊断）和软件安装卸载（如图5-10所示）。当系统

图5-6　恢复出厂设置

图5-7　系统升级

图5-8　系统清理

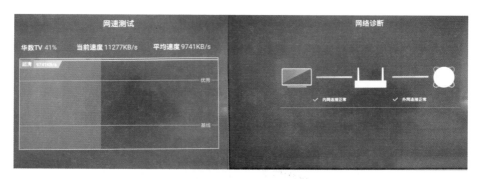

图5-9　网速测试及网络诊断

图5-10　软件安装卸载

被病毒感染无法清理时，有时还需要刷机更新整个系统固件（关于刷机，本书前面已有介绍，不再重述）。

　　同时，对于液晶电视的维护工作，应每个月进行系统体检和病毒查杀，当系统提示有软件更新时，特别是系统固件本身需要更新时，应及时更新到新的固件版本。

附录

一、选购

选购液晶电视之前一定要搞清楚以下几个方面的内容。

（1）购买液晶电视的作用　购买液晶电视是单纯作电视机用，还是既作电视机用又作显示器用，如果同时需要作为显示器使用，则需要液晶电视具有VGA接口；是放在客厅使用，还是放在卧室或其他小房间使用，若放客厅使用，则需要购买较大尺寸的液晶电视，并且最好具有高清或超高清的分辨率，也就是通常所说的4K及以上的电视较为合适，若放在卧室或小房间使用，则只需要购买小尺寸的液晶电视，且功能要求不会太高。另外，消费者若需要看2D、3D电影，则还要考虑液晶电视是否带有2D或3D功能；有的消费者还需要利用液晶电视唱卡拉OK，则还需要考虑液晶电视是否自带卡拉OK功能，以及系统默认的K歌软件是哪款等因素。

总之，消费者的功能需求要与液晶电视的应有功能相对应，这样才能买到高性价比的液晶电视。现实中发现，很多消费者在购买时追求多功能的液晶电视，实际使用中，除了看电视，其他功能从来没有使用过，也不需要使用，实际上也是一种浪费。

（2）液晶电视的尺寸　购买多大尺寸的液晶电视应根据液晶电视所放的位置和观看距离来确定，附图1-1所示为常见观看距离与购买液晶电视尺寸的关系示意图，供参考。

（3）液晶电视的品牌参数　液晶电视的品牌和型号有很多，作为消费者来说选大众品牌和销量较好的型号是首选，不管是哪个品牌和型号，液晶电视的参数是最重要的，在购买液晶电视之前一定要仔细查看液晶电视的主要参数。一是搞清楚液晶电视的类别，是LCD、LED还是OLED的液晶电视，是硬屏（开机状态下用手轻按屏上没有水波纹现象）还是软屏（开机状态下用手轻按屏上有水波纹现象），目前市面上大多是LED软屏液晶电视；二是搞清楚液晶电视的运存（RAM）和内存（ROM），其越大越好；三是搞清楚液晶电视是几级节能的，能效比越高越好，选一

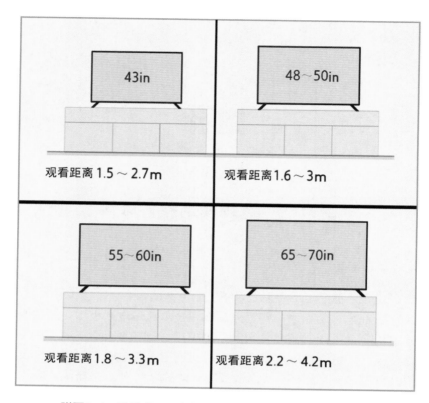

附图1-1　常见观看距离与购买液晶电视尺寸的关系示意图

级节能的最好；四是搞清楚液晶电视的分辨率，分辨率越高越好，当然也会越贵；五是还要搞清楚液晶电视对外接口是否丰富，能否对接家里的其他电器，这一点也相当重要。例如家里其他电器是采用数字音频，而选购液晶电视时就应考虑液晶电视机带有数字音频接口，方便与外部电器对接。总之，在购买液晶电视之前一定要仔细查看液晶电视的参数。附图1-2所示为液晶电视常见的技术参数，图中用颜色标出是重点要查看的技术参数。

（4）液晶电视的版本区别　在购买液晶电视时，商家往往会推出不同的液晶电视版本，例如4K网络版、2K电影版等，不同的版本，其价格也是不一样的。选购时一定要了解不同版本之间的区别。附图1-3所示为不同液晶电视版本之间的区别。

二、使用

使用液晶电视之前，先要仔细阅读厂家说明书，特别是要搞清楚电视遥控器上各功能键的作用，遥控器是人机对话的工具，一定要熟悉遥控上的按键功能。附图1-4所示为液晶电视遥控器各按键的功能，不同的液晶电视，其按键的功能可能不

CCC证书编号: 2017010808946754	电视类型: LED电视	电视形态: 平板
最佳观看距离: 3.5～4.0m(52 in)	视频显示格式: 2160p	分辨率: 4K电视
HDMI接口数量: 2个	面板类型: X-GEN超晶面板	背光灯类型: LED发光二极管
屏幕比例: 16:9	附加功能: 地面数字信号接收 USB媒...	3D类型: 无
能效等级: 三级	售后服务: 全国联保	接口类型: AV DVI HDMI S端子接口...
同城服务: 同城卖家送货上门	网络连接方式: 无线连接	操作系统: 阿里YunOS
亮度: 800cd/m²	标称对比度: 100000:1	刷屏率: 60Hz
扫描方式: 逐行扫描	接收制式: PAL/NTSC/SECAM	扬声器数量: 2个
主机尺寸（不含底座)/mm: 1127.3*...	片源内容: 芒果TV	屏幕厚度: 9～10mm
处理器构架: ARM Cortex A8	CPU核数: 八核心	运行内存: 2GB
存储内存: 8GB	芯片类型: Mstar638	堆码层数极限: 5层
采购地: 中国大陆	品牌: ELTCLGX	型号: TC-LED550W
上市时间: 2018-03	含边框整屏尺寸: 1110mmx20mmx650mm	能效备案号: 201806-22-1138022-30...
毛重: 18kg	净重(含底座): 16kg	屏幕尺寸: 55英寸
包装尺寸: 1500mmx25mmx700mm	净重(不含底座): 15kg	颜色分类: 【42寸4K高清网络版】...

附图1-2　液晶电视常见的技术参数

2K电影版

电影版可接机顶盒、卫星锅盖观看电视、用作电脑显示器，有HDMI、USB接口，可播放音乐、图片、电影等多媒体

不支持网络连接

2K网络版

网络版包含电影版所有功能，可以直接连接无线WiFi上网观看，支持网线，安装电视直播应用，免费收看2500+频道影视剧

支持有线网络和无线网络连接

4K网络版

包含电影版与网络版的所有功能，比2K版更加清晰，达到超清显示效果，是目前好莱坞影片的标准，支持手机遥控、语音遥控

支持有线网络和无线网络连接

附图1-3　液晶电视的版本区别

同，但大同小异。

　　使用液晶电视之前，若手上有水，不要插入电视的电源插头，否则容易引起电击。使用液晶电视时，要避免屏幕直接对着外界的强光或阳光，避免电视受到不必要的任何振动，更不要将电视置于过湿、过热或过多灰尘的地方。同时，要保证电视有良好的空气对流，保持良好的通风状态，不要将任何物体覆盖在电视后盖的散热口上。附图1-5所示为液晶电视保持良好通风状态示意图。

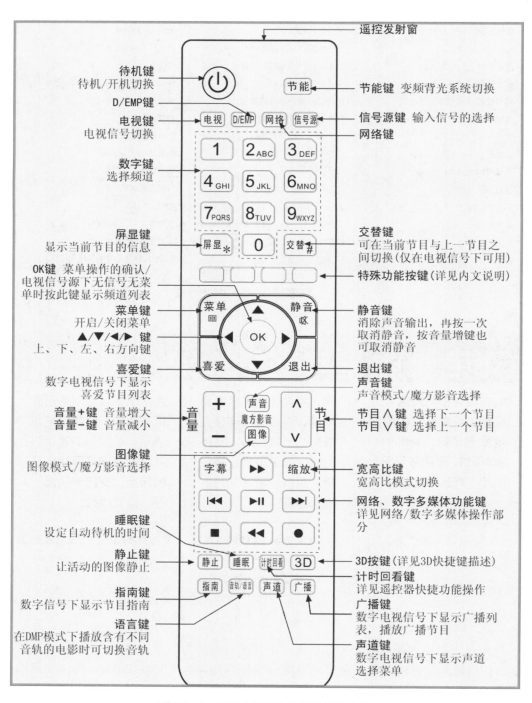

待机键
待机/开机切换

D/EMP键

电视键
电视信号切换

数字键
选择频道

屏显键
显示当前节目的信息

OK键 菜单操作的确认/
电视信号源下无信号无菜
单时按此键显示频道列表

菜单键
开启/关闭菜单

▲/▼/◄/► 键
上、下、左、右方向键

喜爱键
数字电视信号下显示
喜爱节目列表

音量+键 音量增大
音量−键 音量减小

图像键
图像模式/魔方影音选择

睡眠键
设定自动待机的时间

静止键
让活动的图像静止

指南键
数字信号下显示节目指南

语言键
在DMP模式下播放含有不同
音轨的电影时可切换音轨

遥控发射窗

节能键 变频背光系统切换

信号源键 输入信号的选择

网络键

交替键
可在当前节目与上一节目之
间切换(仅在电视信号下可用)

特殊功能按键(详见内文说明)

静音键
消除声音输出,再按一次
取消静音,按音量增键也
可取消静音

退出键

声音键
声音模式/魔方影音选择

节目∧键 选择下一个节目
节目∨键 选择上一个节目

宽高比键
宽高比模式切换

网络、数字多媒体功能键
详见网络/数字多媒体操作部
分

3D按键(详见3D快捷键描述)

计时回看键
详见遥控器快捷功能操作

广播键
数字电视信号下显示广播列
表,播放广播节目

声道键
数字电视信号下显示声道
选择菜单

附图1-4 液晶电视遥控器各按键的功能

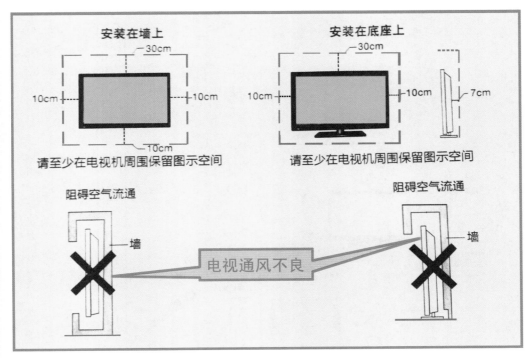

附图1-5　液晶电视保持良好通风状态示意图

在使用液晶电视过程中，若发现电视机内有异味或异响，应立即切断电源，跟维修人员联系，维修正常后才能使用。

在使用液晶电视过程中，若屏幕表面有很多灰尘，千万不能用眼镜布或普通布蘸清水、酒精或不知名的溶液擦拭屏幕表面，而要采用专用的屏幕清洁套装（前面已有介绍）或专用的屏幕擦拭布（如附图1-6所示）蘸一点屏幕清洁剂（一时没有话只能用纯净水）弄成刚

附图1-6　屏幕擦拭布

刚湿润的状态去擦拭，不能过湿，更不能有水滴出，并且擦拭之后要快速风干屏幕。

液晶电视开机时，应先开交流开关，再用遥控器进行二次开机，关机时，先用遥控器关机，再关交流开关或直接拔掉电源插头，切不可直接关交流开关或直接拔掉电源插头，以免瞬态电流冲击烧坏电路元件。

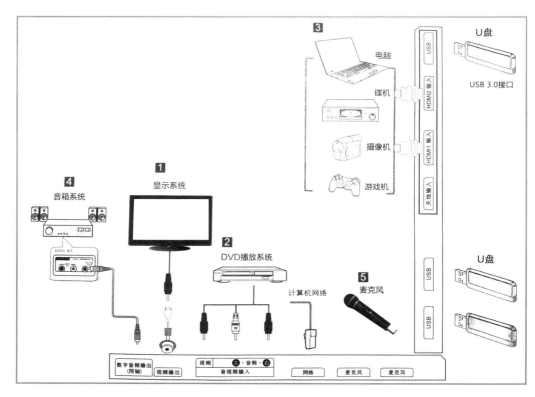

附图1-7　某液晶电视的外部接口及设备连接

　　液晶电视连接外部设备时，一定要用专用接口进行连接，不可乱接（附图1-7所示为某液晶电视的外部接口及设备连接图，供参考）。一个连接有多个接口时，应选择高清、数字化的接口，例如有AV音频接口和数字同轴接口时，应选择数字同轴接口，因为数字同轴接口的音质损耗更小。

附录二　维修参考资料

一、TPS54528

引脚	引脚代码	引脚含义	备注
1	EN	启用输入控制（高电平：开）	4.5～18V输入同步变频器，基参考应用电路如附图2-1所示
2	VFB	变换器反馈输入	
3	VREG5	5.5V电源输出	
4	SS	软启动控制	

引脚	引脚代码	引脚含义	备注
5	GND	接地	4.5～18V输入同步变频器，基参考应用电路如附图2-1所示
6	SW	高边低边切换开关	
7	VBST	栅极驱动电路输入	
8	VIN	输入电源	

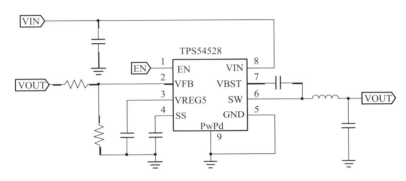

附图2-1　TPS54528参考应用电路

二、TPA3121D2

引脚	引脚代码	引脚含义	备注
1	PVCCL1	左桥电源（1）	该集成电路为25W立体声D类音频功率放大器。其参考应用电路如附图2-2所示
2	$\overline{SDZ}$	关机信号（高电平：开；低电平：关）	
3	PVCCL2	左桥电源（2）	
4	MUTE	静音（低电平启动）	
5	LIN	左频道音频输入	
6	RIN	右频道音频输入	
7	BYP	前置放大器输入参考	
8	GND1	接地1	
9	GND2	接地2	
10	PVCCR1	右桥电源（1）	
11	VCLAMP	自举升压电容电压源	

引脚	引脚代码	引脚含义	备注
12	PVCCR2	右桥电源（2）	
13	PVSSR2	右桥电源参考地（2）	
14	PVSSR1	右桥电源参考地（1）	
15	OUTR	右通道负输出	
16	BSR	引导右信道输入/输出	
17	GAIN1	增益选择（1）	该集成电路为25W立体声D类音频功率放大器。其参考应用电路如附图2-2所示
18	GAIN0	增益选择（0）	
19	AVCC2	高压模拟电源（2）	
20	AVCC1	高压模拟电源（1）	
21	BSL	引导左信道输入/输出	
22	OUTL	左通道正输出	
23	PVSSL2	左桥电源参考地（2）	
24	PVSSL1	左桥电源参考地（1）	

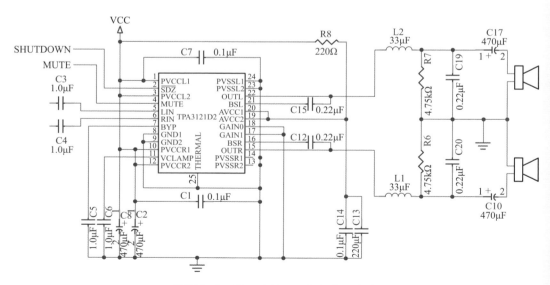

附图2-2　TPA3121D2参考应用电路

三、TAS5707

引脚	引脚代码	引脚含义	备注
1	OUT_A	功率放大器输出（A）	
2	PVDD_A	功率放大器电源（A）	
3	PVDD_A	功率放大器供电（A）	
4	BST_A	自举电源，外接电容到OUT_A端	
5	VCLAMP_AB或 GVDD_OUT	钳位电压（AB）或 栅极驱动器内部调节器输出	
6	SSTIMER	锯齿波定时控制	
7	OC_ADJ	振荡器调整	
8	NC	空脚	
9	AVSS	模拟电路公共接地	
10	PLL_FLTM	锁相环滤波M	
11	PLL_FLTP	锁相环滤波P	该IC为带EQ和DRC功能
12	VR_ANA	模拟电路稳压调节	的20W立体声数字音频功率
13	AVDD	模拟电路供电	放大器，广泛应用在液晶电
14	FAULT	保护输出信号	视的伴音电路。其应用电路
15	MCLK	指令时钟	如附图2-3所示
16	OSC_RES	振荡器复位设置	
18	VR_DIC	数字电路稳压调节	
19	PDN	公共数据	
20	LRCLK	左右声道时钟	
21	SCLK	串行时钟线	
22	SDIN	串行数据输入	
23	SDA	总线数据线	
24	SCL	总线时钟线	
25	RESET	复位	
26	STEST	测试脚	

引脚	引脚代码	引脚含义	备注
27	DVDD	数字电路供电	
28	DVSS	数字电路公共地	
29	GND	接地	
30	AGND	模拟电路地（基点）	
31	VREC	内部稳压器启动	
32	VCLAMP_CD GVDD_OUT	钳位电压（CD）或 栅极驱动器内部调节器输出	
33	BST_D	自举电源，外接电容到OUT_D端	
34	PVDD_D	功率放大器供电D	
35	PVDD_D	功率放大器供电D	
36	OUT_D	功率放大器输出D	该IC为带EQ和DRC功能的20W立体声数字音频功率放大器，广泛应用在液晶电视的伴音电路。其应用电路如附图2-3所示
37	PGND_CD	功率放器器接地CD	
38	PGND_CD	功率放器器接地CD	
39	OUT_C	功率放大器输出C	
40	PVDD_C	功率放大器供电C	
41	PVDD_C	功率放大器供电C	
42	BST_C	自举电源，外接电容到OUT_C端	
43	BST_B	自举电源，外接电容到OUT_B端	
44	PVDD_B	功率放大器供电B	
45	PVDD_B	功率放大器供电B	
46	OUT_B	功率放大器输出B	
47	PGND_AB	功率放大器接地AB	
48	PGND_AB	功率放大器接地AB	

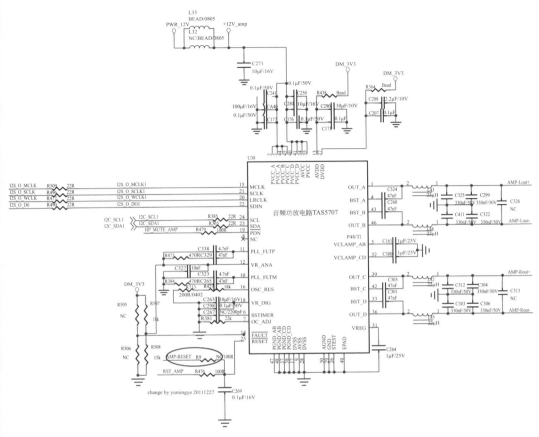

附图2-3　TAS5707参考应用电路

四、PAM8006

引脚	引脚代码	引脚含义	备注
1	NC	空脚	
2	RINN	右侧通道的负差分音频输入	
3	RINP	右通道正差分音频输入	该集成电路为10W立体声D类音频功率放大器。其参考应用电路如附图2-4所示
4	MUTE	静音（高电平禁止输出，低电平启用输出）	
5	AVDD	5V电源	
6	LINP	左桥通道正差分音频输入	
7	LINN	左桥通道负差分音频输入	

引脚	引脚代码	引脚含义	备注
8	NC	空脚	
9	PGNDL	左桥通道接地	
10	PVCCL	左桥通道电源	
11	LOUTN	左桥通道负输出	
12	BSLN	左桥通道引导输入/输出（负偏置）	
13	BSLP	左桥通道引导输入/输出（正偏置）	
14	LOUTP	左桥通道正输出	
15	PVCCL	左桥通道电源	
16	PGNDL	左桥通道接地	
17	NC	空脚	
18	COSC	外接充放电电容	
19	V2P5	2.5V模拟基准电压	
20	AGND	模拟地	该集成电路为10W立体声D类音频功率放大器。其参考应用电路如附图2-4所示
21	VCLAMP	自举升压电容电压源	
22	AVCC	模拟电源	
23	$\overline{\text{SD}}$	关机信号（高电平：开；低电平：关）	
24	NC	空脚	
25	PGNDR	右桥通道接地	
26	PVCCR	右桥通道电源	
27	ROUTP	右通道正输出	
28	BSRP	右桥通道引导输入/输出（正偏置）	
29	BSRN	右桥通道引导输入/输出（负偏置）	
30	ROUTN	右通道负输出	
31	PVCCR	右桥通道电源	
32	PGNDR	右桥通道接地	

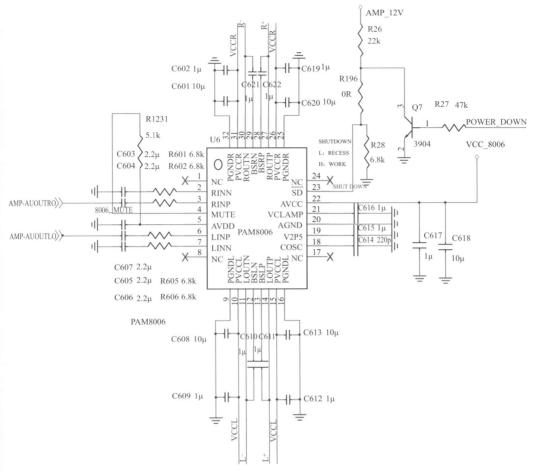

附图2-4 PAM8006参考应用电路

五、MX25L1605

引脚	引脚代码	引脚含义	备注
1	CS#	片选	
2	SO	串行输出	
3	WP#	写保护	
4	GND	接地	
5	SI	串行输入	该芯片是16MB的串行闪存器
6	SCLK	时钟信号	
7	HOLD#	保持信号	
8	VCC	供电电源	

六、MSD6A818QVA

主要引脚	通用引脚代码	应用引脚含义	备注
AF2	IF_AGC	芯片输出中频增益	
AG6	TGPI00	中频增益选择	
AG2	TGPI01	SD写保护	
AE3	TGPI02	总线时钟	
AF3	TGPI03	总线数据	
L24	I^2S-BCK	I^2S总线位时钟	
K24	I^2S-MCK	I^2S总线时钟	
K23	I^2S-WS	I^2S总线写选择	
K25	I^2S-SDO	I^2S总线串行数据信号	
K26	SPDIF_IN	仿真使用	MSD6A818QVA 是MSTAR 公司的高端电视信号处理芯片，采用LFBGA封装。附图2-5所示为其封装图
N6	GPIO_PM0	背光灯开关控制	
F3	GPIO_PM1	存储器写保护	●内置模拟和数字DVB-C Front-End（前端）解调器；
AC7	GPIO_PM2	MHL（移动终端高清接口）接口检测	●内置多标准 A/V 格式解码器，包括 NTSC/PAL/SECAM制
AD5	GPIO_PM3	MHL供电开关	式视频解码器、MPEG-2 视频
H5	GPIO_PM4	电源供电开关	解码器、MPEG-4视频、H.264
F2	GPIO_PM5	液晶屏同步信号	解码器、AVS 解码器、Real
K1	GPIO_PM6	SPI（串行外围接口）通信端口	Media（实时媒体）解码器等；
W5	GPIO_PM7	SD卡的引脚	●内置视频处理器；
M6	GPIO_PM8	背光开关	●内置家庭影院声音处理器；
L6	GPIO_PM10	功放静音	●支持互联网等多种连接；
V6	GPIO_PM11	功放复位	●具有外围设备和功率管理功能
J5	PM_LED	遥控指示灯	
K2	GPIO19	USB复位信号	
K3	GPIO20	CA/CI插入检测	
AC24	GPIO3	WiFi信号控制	
AD24	GPIO4	DTMB复位信号	
G5	VID0	内核电压控制信号	
G4	VID1	内核电压控制信号	
G6	SAR0	KEY0键信号输入	

图解液晶电视机维修一本通

主要引脚	通用引脚代码	应用引脚含义	备注
H6	SAR1	KEY1键信号输入	
J6	SAR2	配屏分辨率指示输入	
K6	SAR3	备用	
AC5	SAR5	存储器掉电保护	
J4	PWM_PM	配置脚	
AC18	PWM0	SD卡引脚	
AE24	PWM1	背光亮度控制	
AF21	PWM2	屏使能	
AG21	PWM3	存储器写保护	
H3	PM_SPI_CK	SPI时钟接口	MSD6A818QVA 是MSTAR 公司的高端电视信号处理芯片，采用LFBGA封装。附图2-5所示为其封装图
G3	PM_SPI_DI	SPI数据输入	● 内置模拟和数字DVB-C Front-End（前端）解调器；
G2	PM_SPI_DO	SPI数据输出	● 内置多标准A/V格式解码器，包括NTSC/PAL/SECAM制式视频解码器、MPEG-2视频解码器、MPEG-4视频、H.264 解码器、AVS解码器、Real Media（实时媒体）解码器等；
K4	DDCA_CK	UART时钟端口	
K5	DDCA_DA	UART数据端口	
AF22	DDCR_CK	DDCR时钟端口	
AG22	DDCR_DA	DDCR数据端口	● 内置视频处理器；
G1	RESET	主芯片复位端口	● 内置家庭影院声音处理器；
F1	IRIN	遥控信号输入	● 支持互联网等多种连接；
N25	U_GPIO0	外围芯片（屏供电）调试	● 具有外围设备和功率管理功能
N23	U_GPIO1	外围芯片（屏供电）调试	
N24	U_GPIO2	外围芯片（屏供电）调试	
M24	U_GPIO3	USB 3.0供电使能	
M25	U_GPIO4	主芯片输出帧同步信号	
M23	U_GPIO5	SD使能	
AG1	XTAL_O	晶振信号输出	
AH2	XTAL_I	晶振信号输入	
AB14	RESET	外围芯片（屏供电）复位	
AB25	U_I²CS_SDA	外围芯片（屏供电）总线数据信号调试	
AD25	U_I²CS_SCL	外围芯片（屏供电）总线时钟信号调试	

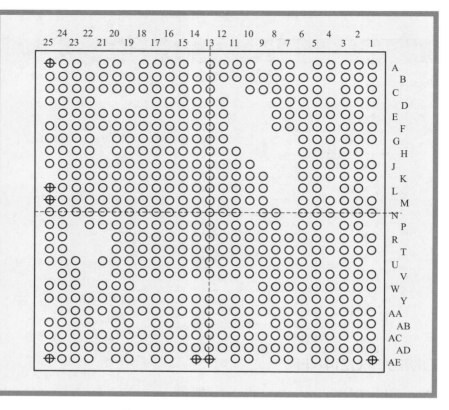

附图2-5 MSD6A818QVA封装

七、AP1212

引脚	引脚代码	引脚含义	备注
1	EN1	使能1（逻辑兼容启用输入，高电平激活，低电平停止，该脚不能悬空）	双USB（1A）电源开关管集成电路。其参考应用电路如附图2-6所示
2	FLG1	故障指示1（低电平激活，指示过流、过压、过热故障）	
3	FLG2	故障指示2（低电平激活，指示过流、过压、过热故障）	
4	EN2	使能2（逻辑兼容启用输入，高电平激活，低电平停止，该脚不能悬空）	
5	OUT2	开关输入2（连接到负载的切换端）	
6	GND	接地	
7	IN	电源输入（提供IC内部电源）	
8	OUT1	开关输入1（连接到负载的切换端）	

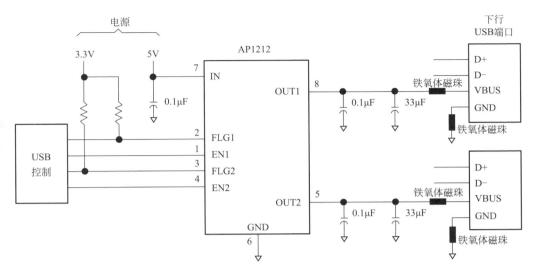

附图2-6　AP1212参考应用电路

八、DMI21~C2I4RH

引脚	引脚代码	引脚含义	备注
1	ANT_DC	调频直流电源	
2	BM	3.3V 电源	
3	SCL I²C	时钟线	
4	SDA I²C	数据线	
5	GND	地	
6	X OUT	信号输出	
7	IF−	中频信号（−）	DMI21~C2I4RH参考应用电路
8	IF+	中频信号（+）	如附图2-7所示
9	AGC	自动增益控制	
10	GND1	地1	
11	GND2	地2	
12	GND3	地3	
13	GND4	地4	

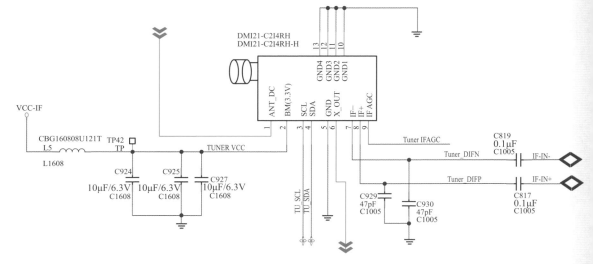

附图2-7　DMI21~C2I4RH参考应用电路

九、DDA014

引脚	引脚符号	引脚功能	备注
1	VSEN	PFC输出电压检测	
2	VCC	供电端	
3	FB	反馈电压输入	
4	GND	地	
5	CSS	外接软启动电容	
6	OC	过流保护输入	
7	RC	LLC串联谐振回路电流检测输入	
8	REG	芯片内部基准电压输出	该机芯片为LLC 串联谐振开关电源芯片，应用在LED电视电源板的主开关电源上，其应用电路如附图2-8所示（以应用在小米LED电视上为例）
9	RV	LLC串联谐振回路电压检测输入	
10	COM	公共地	
11	VGL	低端功率管驱动信号输出	
12	NC	空	
13	NC	空	
14	VB	高端功率管驱动供电	
15	VS	高端功率管的悬浮地	
16	VGH	高端功率管驱动信号输出	
17	NC	空脚	
18	NC	空脚	

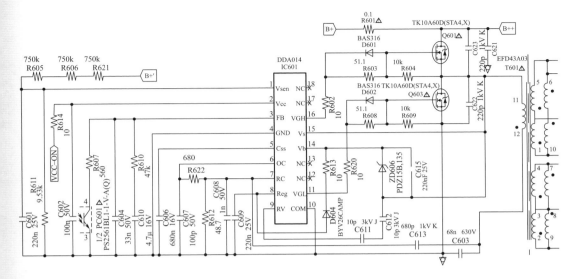

附图2-8 DDA014应用电路